遇见生活中的美好

LONDON
HENRY HUGHES
1941
Post Car
THIS IS THE IDEAL LIFE.
Gilson Girl
17.11.11
123456
NEDERLAND
JULIANA
1 50
GULDEN
Viola tricolor
Potentilla
"Novel" Edition
Blank Book
Made in the U.S.A.
Practical
Beauty & Value

献给时光的手账

雨木木 著

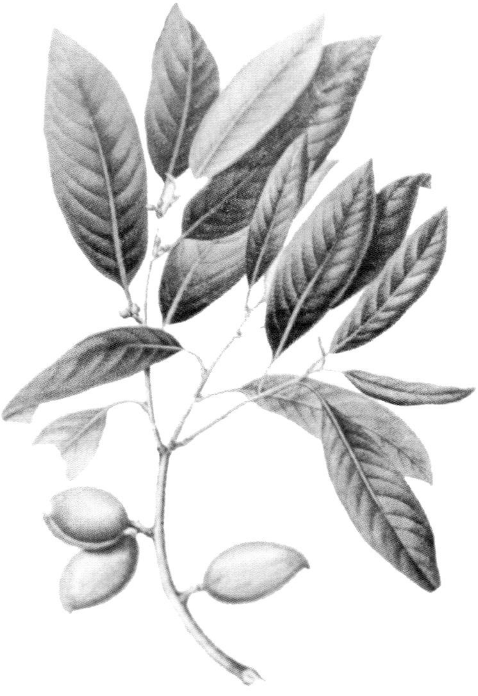

一本解决你手账中素材、排版、颜色问题的方法指南

机械工业出版社
CHINA MACHINE PRESS

本书是一本带有强烈复古风格的手账制作技巧分享书籍，其中着重解决了在手账制作中关于素材收集、排版设计、颜色搭配等问题。

作者将自己在手账制作过程中收集、总结的巧妙方法，无保留地分享给读者，帮助手账爱好者找到手账的制作规律，做出富有艺术气质和独特韵味的手账作品。

除此之外作者还分享了手账周边的有趣技能和环保、积极的生活方式，不仅帮助读者将手账做得更加精美、丰富，还将手账态度和变废为宝的绿色理念渗透在生活中。

全文案例丰富，配合视频解读，使整个阅读和学习过程轻松、有趣。

图书在版编目（CIP）数据

献给时光的手账 / 雨木木著. — 北京：机械工业出版社，2018.9
ISBN 978-7-111-60827-1

Ⅰ. ①献… Ⅱ. ①雨… Ⅲ. ①本册 - 制作 Ⅳ. ① TS951.5

中国版本图书馆CIP数据核字（2018）第205493号

机械工业出版社（北京市百万庄大街22号 邮政编码100037）
策划编辑：丁 悦 责任编辑：丁 悦
责任校对：张 力 封面设计：木 子
责任印制：常天培
北京华联印刷有限公司印刷

2018年9月第1版第1次印刷
185mm × 240mm · 11.5印张 · 4插页 · 247千字
标准书号：ISBN 978-7-111-60827-1
定价：78.00元

凡购本书，如有缺页、倒页、脱页，由本社发行部调换
电话服务
服务咨询热线：010-88361066
读者购书热线：010-68326294
010-88379203

网络服务
机 工 官 网：www.cmpbook.com
机 工 官 博：weibo.com/cmp1952
金 书 网：www.golden-book.com
教育服务网：www.cmpedu.com

序

听说木木要写书的那一刻，我内心一阵惊呼——哇！木木终于要公开她的秘密了！

第一次在网上看到木木的手账，我真是定睛看了再看，好家伙，这位手账人是真的不只在写字。当下十分恼火，为什么我傻乎乎地站在定式里，用单调的文字记录生活，而没有像她一样“艺术地表达”。我当下拿出三五素材，如法炮制。朋友们，我告诉你们，木木的手账是丰富的，我的手账是凌乱的；木木的手账丰富中有看点、有重点，我的手账乱中无序，看上去有点可怜。但我却莫名地不觉得挫败，也不认为第一次的尝试是“失败”的。相反，我很高兴，整个人有种说不出的满足感。

那次胡乱拼贴所流过的时光，那份优质的、与自己和睦相处的 30 分钟，至今记忆犹新。我开始思考，手账是不是非要只用文字记录？我做出的手账并不好看，为什么还这么开心？

我想我和许多人一样，大了说，手账是我们的一种生活方式；小了说，手账只是一种非常私人的小爱好。就好像许多朋友吃了美味的蛋糕希望立刻分享在朋友圈中一样，我也希望将生活中的小确幸和小忧伤表达在手账中，分享和记录我的心情，发泄我的情绪，而这份分享甚至未必需要让他人看到，其实，我只是寻找一种独处的方式，一种或几种除了抱着手机刷微博，抱着 ipad 看剧之外的生活方式。

我至今记得那次手账拼贴后内心洋溢的喜悦，是因为我彻底陶醉于那 30 分钟里各种素材在纸面中重组的过程，享受自己的心在不设防的情况下全情投入一件事。这个过程未必是真的想要记录什么，我更希望它只是一次非常单纯、认真的自我表达。

木木的手账我初次看到，就印象深刻。而得知木木的手账秘密要出版，里面详细记录了她充满艺术气息的手账是如何制作的、如何拼贴的、如何绘制的，我真是惊喜。

现在，我已经开始期待在知道木木手账秘密之后，在放松地享受与自己独处的 30 分钟拼贴之后，“顺便”收获一页美炸天手账的幸福感了！

不是闷（微博名）

2018 年，初夏

自 序

不为“无益”之事，何以遣有涯之生

刚开始写这本书的时候，我觉得有好多好多的内容想要表达在书中——比如我是谁，怎么开始做手账的，我为什么会写书，写这本书的心得体会。但真的写完了，却发现其实我想告诉你们的种种都已经融入书里。

只是除了这句：在我写书的岁月里，我重了 15 斤……写书使人丰满……

写书

写书比我想象的难得多得多。

正式动笔前，我参考了很多市面上的手账书，希望能够找到别人没有涉及的手账问题，与此同时我也集结了微博中经常被问及的手账话题 。

各种思考之后，我决定写一本关于手账入坑后，如何做出特别手账的书。书里，我总结了收集素材、排版配色、记录内容的三大重要内容，里面也细碎地融入了我的手账生活和“手账态度”。

素材、排版、颜色、手账体系，是在我微博中经常会被问及的几个关键词。在书中我系统地整理了我的手账本，分析和总结了自己平时在排版配色，选择素材上的规律与偏好。

入坑三年来，我第一次系统地检视我自己的手账，并且尝试着把制作手账的过程条理化，总结成文字。这次分享经验的过程，也是自己把零碎知识系统整理的过程。

作为一个非设计专业科班出身的手账人来说，我更喜欢用通俗易懂的话来描述我的手账制作方法和风格。比如排版上的用词，配色上总结的方法，都是我多次尝试后的经验总结，不一定完全符合专业设计标准，只是希望能给大家一些有用的参考。

手账与我的生活

我花了三年的时间，认识手账，爱上手账。

很多人问我，写手账有什么用，几乎没有一次我能很顺畅地回答他们。

我是爱做拼贴的手账人，把干净的本子，贴成花炮，是一个让我开心的过程。手账有时候不是真的为了提高效率，我经常会因为沉迷于手账制作而花上大把时间。

在我眼中的手账，是记录也是爱好，就像画画、插花、品茶一样，看似并非那么有用，却让人在过程中开心和满足。每每翻开手账本，看看之前记录的种种，看看某年某月某日的自己，或笑，或怀念。

当然我眼里的手账不是真的完美无瑕。爱上它的岁月里我给自己写了八个字：沉迷手账，日渐赤贫。但所谓的“赤贫”无关心灵和一颗有趣的灵魂。

人活一世，不守住些不那么有意义的事，生活该多难以为继。而你眼中的有意义并非我所看重的有意义。不为“无益”之事，何以遣有涯之生。

我微博里的很多同学，记手账后，也开始阅读，想练手好字，想学画画，想规划时间，想学很多东西，想健身跑步，想健康地吃饭，想变成更好的自己……充实地生活，我想这些都是手账赋予我们的意外和神奇能量吧。

最后，我想说我已经减掉了8斤，还有7斤，继续努力！

雨木木

2018年，夏初

目 录

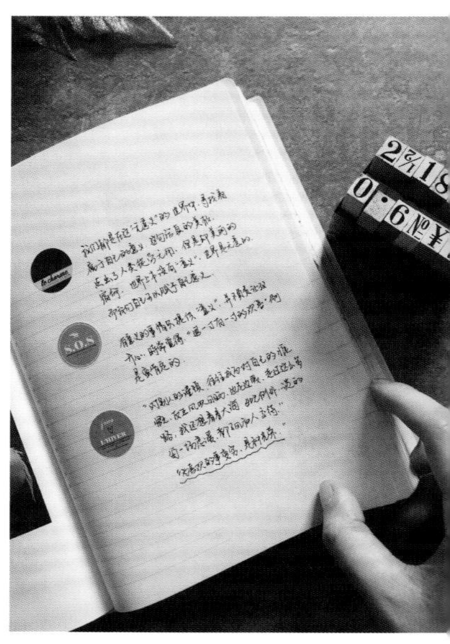

Contents

虽然每种元素来自不同的年代、不同的地域，
但是它们呈现出来的时光流逝的复古感却是
一样的。

Chapter 1
手 账 与 我

- 复古风——记下种种须臾
- 我的复古风手账

Section 01 复古风——记下种种须臾

都说巨蟹座恋旧，巨蟹座宅，作为典型的巨蟹座，我痴迷地热爱着复古的一切，对旧事物怀有好奇心与敬畏感。

复古风顾名思义是带有年代感的一种呈现风格，或者是经历过流行，过时后的再一次复兴。“复古”的根源就是“怀旧”。曾经听人说：“怀旧这词就是旧伤口残留的疼痛，是你心里的一阵刺痛，单独的记忆，更有力量。”

- 把带有复古花纹的胶带，排列整齐，贴满本子。

我喜欢的复古风格

我眼里的复古是维多利亚时代对称的版式设计，精心雕琢的字体与图案；
是威廉·莫里斯（William Morris）笔下灵动繁复的缠绕植物图；
是穆夏掀起的“新艺术运动”里的四季美人与长篇巨作《斯拉夫史诗》；
是雷杜德的精致水彩花卉；
是黄金时代的摩登女郎；
是充满中国风的长卷与牡丹；
是优雅美丽的赫本；
是宝丽来拍下的明媚花海
……

这些，都是直击我灵魂的复古情节。

我爱这些追忆已逝年华的复古风格，所以精心收其入册，贴在本子中，存进手账里，锁住心头好……在我的手账拼贴里，这些复古元素的使用是喜爱，更是想要抓住时间长河中的须臾，锁住往日岁月的繁盛。

复古的风格与元素有成千上万种。我最喜欢的就是以下的八种复古风格。

这些元素都是我在拼贴中经常用到的。虽然每种元素来自不同的年代，不同的地域，但是它们呈现出来的复古感是相似的，让我爱不释手。

- 维多利亚时代华丽、复杂、精致、设计对称的风格图案。

- 威廉·莫里斯把植物作为主元素缠绕着的装饰图案。

- 新艺术运动的代表人物穆夏所画的四季女子图案。

- 水彩植物画家雷杜德笔下栩栩如生的花朵图鉴。

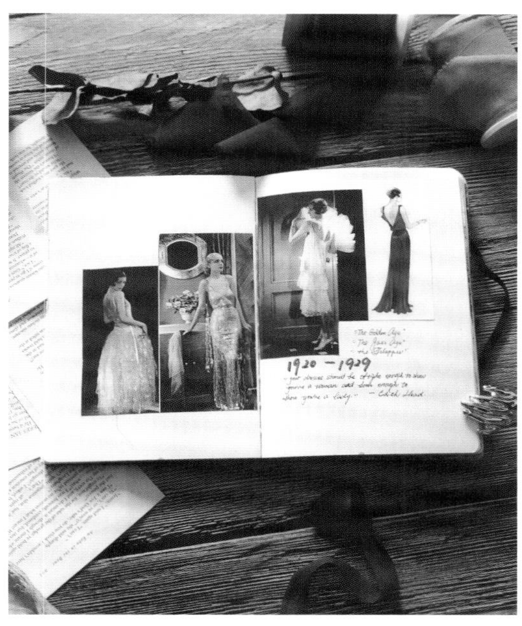

- 黄金时代中最耀眼的摩登女郎。

- 中国风作品中精致的牡丹与花鸟图案。

- 照片中永远优雅美丽的赫本。

-20 世纪 80 年代宝丽来相机拍下的美丽的少女与花海。

Section 02
我的复古风手账

就像琥珀留住昆虫一样，生命中总有一些让人悸动的琐事想要被记录。记录手账，就是将生活的一点一滴装进琥珀。在我的手账里，这些美丽的复古元素与生活的琐事被融合在一起，想把它们留住不奢望暮色沉沉时还能翻出来阅读尘封的记忆，至少记录的当下，内心是喜悦的。

想要记录，更想要美美地记录，这是我一直对手账保有热情的原因。

-“手账，是把生活装进琥珀”记于 2016 年 11 月，此时我刚刚写完了第一本 TN 内芯。

我的复古风手账特点

- 满本党：在我的复古手账里，我习惯于将整页记满。
- 多层次，异素材：我平时会收集各种纸品，在拼贴时，往往会叠加拼贴。
- 复古色：我喜欢复古感觉的颜色，比如棕色、暗红、墨绿，等等，这些颜色会使我的手账秒变复古。
- 爱贴植物：我几乎在所有的手账中都用到植物元素。
- 注重排版：在一般情况下，我习惯于先想好排版与当页记录时要用的主色调，然后再选择素材进行拼贴。

简单的手账制作过程

扫码，观看手账制作过程视频

◎ 步骤图

准备工具 ❶各色胶带 ❷印章 ❸印泥 ❹时间印章 ❺点点胶 ❻自己打印的素材 ❼手账本子 ❽剪刀

1

2

- 首先，我会在做手账前，准备一张草稿纸，在纸上大致画一下想要的版式，想一下主色调。

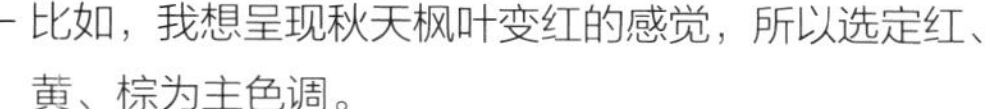

- 比如，我想呈现秋天枫叶变红的感觉，所以选定红、黄、棕为主色调。

- 根据红、黄、棕的主色调，我挑选出颜色对应的胶带。然后在素材本里，选出同样色调的素材。

3

4

- 根据草稿纸上的版式，我会先贴最大面积的区域。选择一束红色玫瑰作为主花，然后剪一块镂空的黄色复古花纹图案作为底纹。把花与黄底纹穿插着贴在版面左下角。

- 在右上角贴入相同的底纹素材，使左右呼应。在左下角中，加入细节，增加层次感。在整个版面的右下方贴上棕红色的拉条。

- 整个版面三块装饰区域已经贴好：左下方是主要装饰区；右上方与右下方是小面积装饰区。分别在三个区域加入更多的层次与素材，丰富拼贴细节。

- 在空白处添加写手账的日期。再次调整一下层次中的细节，使整个版面更均衡。这样，装饰部分就完成了。接下来开始记录。

- 在文字记录时，请注意文字的颜色与整体色调的统一。这样版面比较整洁，排版不会显得凌乱。同时，根据想记录内容的多少来决定字间距的松散程度。

- 在记录过程中，若想排版灵活，有变化，我们也可以适当变化记录的方向与字体。
- 不同的内容有不同的分段，这样不仅容易区分记录的内容，而且设计感十足，精致特别。
- 完成记录之后，一页的手账就搞定啦。

- 如果想要拍照记录这页手账，我会加入些有趣的植物，或是一条半压着的缎带，露出一点做手账时用到的印章与胶带。
- 这就是我平时最常用的复古风手账拼贴步骤。是不是好看又简单呢？

◎ 细节图

注： 拼贴的大部分素材都是我从网上下载后打印的。记录的文字是摘抄，大家平时写手账时，可换成自己想记的内容。

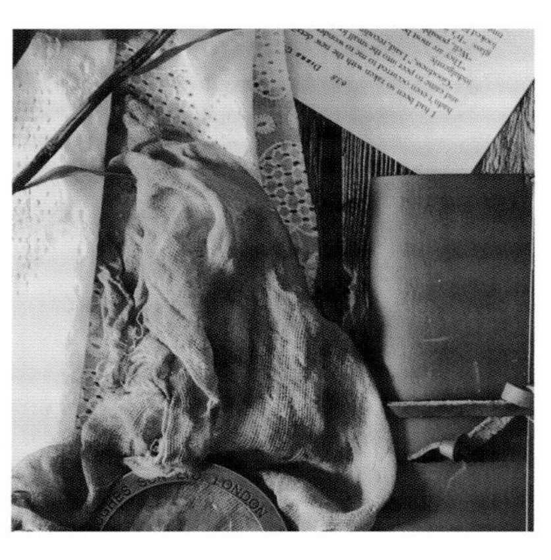

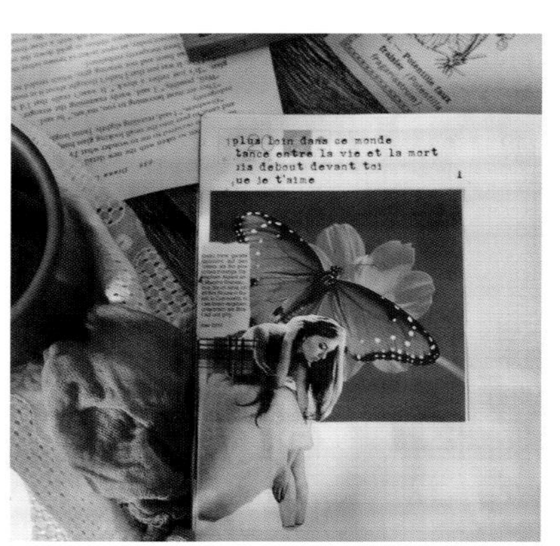

正是因为把生活作为素材贴入本子里，时间才不再那么容易转瞬即逝，它成为回忆，停留了下来。

Chapter 2
手账制作

- 素材收集
- 排版拼贴
- 颜色搭配
- 记录内容
- 增色技能

Section 01

素材收集

我常用的素材

相信很多人在做手账时都有这样的困惑，一是不知道找什么素材，二是面对琳琅满目的素材时，不知道选哪个。在我的手账本里，有一些复古的素材因为特别偏爱，所以出现的频率非常高，我挑选以下 9 种分享给大家。

1 基础款的胶带拉条

几乎我的每页手账都离不开胶带，我收集了很多基础款和纯色系的胶带，这些素材在拼贴中非常实用，经常决定一幅版面的基调和色彩。

- 版面中深棕色胶带不但划分了区域，而且把左上与右下的两个区域连接起来，统成一体。

- 版面中的两条红色胶带，明确了红色的主色调，提亮了画面。

- 植物素材旁边的胶带拉条是将棕红色与青绿色叶子放在一起，加强了视觉上的冲击力。

- 绿色的这款胶带是我的最爱品之一，它的墨绿色花纹总能与植物素材相搭，非常协调。

❷ 为细节增色的印章

印章是为版面增色的素材，我收集了很多复古风格的印章，比如文字、数字、票据和花朵，它们会经常出现在我的手账里。

- 版面中主元素下方的大面积文字是用印章敲出来的，用的是酒红色的印泥。

- 红色的西洋文字印章搭配土黄色的半个向日葵印章，两个图案叠加，增加了版面的层次感。

- 右上角的深蓝色的票据印章图案，与下方浅棕色的文字图案，组成一块小的辅助素材区域。

- 版面中的 10 和 30 是数字印章敲成的，数字印章是在手账拼贴中非常实用的工具。

③ 植物与大朵大朵的花

植物是我的复古风拼贴中最常见的素材之一，当初就是因为钟情于这些花花草草，才一发不可收拾地剪剪贴贴。我特别喜爱植物中花草与各种素材的搭配，它们时常能激发出我的灵感的火花。

- 版面中黑白的花朵，覆盖在复古条纹上，和谐又醒目。

- 在明黄色的小姐姐下方，贴上素雅的小白花，使整幅画面清爽了几分。

- 版面中这朵鲜艳的黄花，加上基础款的棕黄色拉条，直接确定了画面的黄色主色调。

- 版面中的红色与白色花朵与下方的复古红色宽花纹相呼应，搭配上荡秋千的小姐姐，版面立刻生动起来。

4 每个时代不同特色的小姐姐

我爱拼植物，更爱将植物与小姐姐搭配，在我拼贴本里的小姐姐，是各种风格、各个时代的。她们与植物相遇，绽放出无与伦比的魅力。

- 版面中是跳芭蕾舞的小姐姐剪影，贴在了两条基础款胶带上。

- 版面中是穿着古典芭蕾舞裙的小姐姐，贴在复古的蓝色花朵上。

- 版面中是提着裙摆的小姐姐，走向花丛。

- 版面中的花纹图案里镶嵌着小姐姐，手中拿着一枝红玫瑰。

5 各具特色的复古植物花纹缠枝图案

因为喜欢威廉·莫里斯的复古植物图案，所以爱屋及乌地爱上了一切复古的植物花纹缠枝图案，中世纪的花纹是拼贴中非常好用的背景元素。

- 版面中蓝色和白色的花朵，以及深蓝色和金棕色的搭配，呈现出浓郁的复古感。

- 版面中绿色和黄色的搭配是热带雨林的颜色，加上丛林气息十足的图案，呈现出的色调饱和度强。

- 版面中宝石蓝的底图中绽放出金色烟火，加上简单的对齐拼贴，使画面整齐且夺目。

- 版面中金黄色加橘黄色的缠绕花纹图案，加上枝条状的线条，让画面充满神秘和异域的风情。

6 报纸、旧书和打印出的文字

除了自己写在手账中的内容，我还喜欢在拼贴中加入其他文字元素，好的文字元素与图片搭配，会使整幅画面灵动且有呼吸感。

- 版面中将报纸作为底纹是一种最直接简单的方法，复古感的效果特别好，报纸是非常自然的背景素材图。

- 在版面中，我尝试着把文字的面积拉大，呈现出小姐姐在文字间翩翩起舞的感觉。

- 版面是由杂志里的文字与另外三个色块拼贴而成，相互错落地形式一整块元素。

- 版面中拼贴了用手撕出的不规则杂志文字，看似破坏原图本身的结构，实际让画面生动不呆板。

7 复古数字与标签

数字与标签贴在我的拼贴中是实用类素材，因为它们既可以装饰版面，又可以与内容相结合，作为日期或者页码。

- 标签贴与数字的组合，多层次且不会显得凌乱。

- 拼贴时选择了超大的数字，醒目且被旁边的红色框衬托，成为令人瞩目的重点。

- 版面中用了黑框白底的不透明标签贴，积极打破常规画面，增加了层次感。

- 版面中用了带有花纹修饰的数字，加上黑色与淡黄色底纹的呼应，平衡了原本色彩过于清淡的画面。

8 胶片感十足的风景图

我收集了大量宝丽来照片风格的风景图，其中带花的居多。我偏爱灿烂的颜色，单独贴或者与其他元素一起拼贴，都会呈现夺目的效果。

- 版面中高饱和度的红花搭配绿松石色的天空，周围不必再多加素材，效果已经十分惊艳。

- 我太爱这幅花海中的采花少女图，所以将它贴满了大半面本子。

- 版面中大朵的紫色鸢尾，叠加上了橙色调的鲜花与少女，整幅画面洋溢着暖洋洋的气息。

- 整幅版面是鲜艳浓烈的黄绿色调，绽放的向日葵让人一天心情瞬间变好。

9 复古车票与邮票

平邮信封上盖好章的邮票，花花绿绿的车票，是我从小到大最爱收集的小物，它们本身就是复古物品的代表，贴在本子上呈现出岁月感。

- 版面中明亮的色调上叠加上一枚橘红色的邮票。

- 版面中是我特别购入的复古小车票，上面的字体以及模样给画面增加了浓郁的复古感。

- 版面中粘贴了中国风的鸟类邮票，与西洋的植物图相搭，两种复古风情的偶然邂逅，呈现出特别的韵味。

- 版面中蝴蝶下方的两枚复古邮票决定了画面的黄色基调。

收集素材的方式与途径

收集素材是一件充满吸引力的事情，我享受在日常生活中找寻素材，剪素材的过程。只要留心，就不难发现，生活中能当作回忆、贴入本子的素材数不胜数，一片落叶，一条丝带，只要我愿意，都会成为我的“本中贵客”。

1 过期杂志与报纸

看过的报纸、杂志是最好的手账素材。报纸中的文字与杂志中的图片颜色，都是一般胶带、贴纸所呈现不出来的，好好利用杂志与报纸，不仅仅能让手账拥有自己的风格，而且也可以节约制作成本。

几乎所有的杂志都可以加以利用剪裁，我常在时尚类、家居类、旅行类、日系小清新类的杂志和英文报纸中寻找可用的素材。

时尚类杂志

时尚类是我使用频率最高的杂志类型，杂志里各种风格的小姐姐和她们的服饰都是很好的拼贴素材。

时尚杂志的特点：色彩丰富，种类繁多，而且服饰的配色风格凸显，比自己常用的配色更和谐，可以直接用作背景。

- 版面右侧上图用模特儿的裙摆作为背景，下图中的小姐姐也出自同本杂志。

- 版面中左侧是将模特儿剪下来作为主素材。

旅行类杂志

旅行杂志的特点：充满异域风情与大自然的颜色。杂志里有大量的风景图，颜色美丽绚烂，也是我手账背景图的素材来源之一。

- 版面中的晚霞、碧蓝色的海面、棕灰色的礁石，它们所呈现出的色彩是胶带和贴纸中无法找到的。

- 版面中充满异国风情的彩色房子被我直接剪成两张图片，共同作为主素材。

家居类杂志

家居类杂志的特点：沉稳的木质色系、各式花纹墙纸、家居饰品可以在手账中被自由地组合。杂志中有很多实木色系的装饰图，喜欢深色或者是森林系色调作为背景或大面积使用的，家居类杂志是很好的选择。

- 版面中绿色花纹是杂志中剪下的墙纸图片。

- 版面中的边框是家居杂志中实木家具的图片素材。

日系小清新类杂志

日系小清新杂志的特点：图片排版整齐，可以裁剪下来直接使用。图片清新且生活化，纸张不会反光，比较百搭。

- 版面中的四幅绿色图片都是来自杂志《小日子》。

- 版面右侧的两幅茶园图片剪自《日和手帖》。

英文报纸类

英文报纸的特点：材质有年代感，报纸上本身的字体与排版就已经非常有复古气质。纸张的颜色也很百搭，适合作为背景素材。

- 版面中是我手撕的报纸边角，作为层次拼贴的一层，叠加在其他素材上。

- 版面右侧的整块背景是将报纸满贴的。

❷ 贺卡与明信片

平时收到的生日卡、邀请卡、旅行时买的明信片、朋友赠送的卡片，等等，我会收集在一个小盒子里。特别有意义的会贴入手账中。明信片我喜欢用插页、加页的方式呈现在手账中，这样既独立，又使本子变得有趣。

- 旅行时我特别喜欢买所到城市特有的明信片，然后贴进本子中。

- 记录着老北京早年间街景的明信片，是手账圈的小伙伴送我的。

- 有时候杂志、书籍也会附赠明信片，我会挑出自己喜欢的收入本中。

- 朋友寄来的明信片，贴在当日的手账中，作为记录。

③ 生活中常见的各类票据、地图、宣传册

平时收集的宣传卡片、地图、旅行机票，等等，都是我手账拼贴里的好用素材。它们是我生活的见证，把它们贴入本子，不仅能丰富手账，还能记录生活，留下回忆。

- 买纪念意义的物品时留下的单据。

- 去景点游玩的宣传册。

- 在酒店办理入住时，前台给我的酒店地图。

- 这是我在旅行中收集的当地地图，我把它修剪后，贴入本子里。

4 生活中易被忽略的素材

做手账以来，我便随时留心收集生活中能放入本子里的好玩东西。饭店里美丽的卡片，网上购物的包装纸……留意它们，就不自然地留意了生活。我发现美丽的素材无处不在。

残花与落叶

残花、落叶是装饰本子的天然素材。也是因为它们，我爱上了在春日和秋日的马路上捡各式各样的叶子和花朵；当玫瑰花将谢之时，我会将它摘下来细心地夹入纸间，待成为干花之时放进本子里。

- 手账里夹入的叶子，是我第一次画玫瑰花时剪下来的枝叶。我把它夹在厚书中压平，然后收藏在本子中。

- 手账中的玫瑰花瓣是我 2017 年秋天收集的，压在本中已有半年了。

身边的各式纸制品

你能想象书的腰封、化妆品说明书、酒标、包花的纸，等等都是我平时拼贴的素材吗？

- 左侧版面中，植物素材的背景是化妆品中的英文说明书。

- 版面中用了黄色带英文的花束包装纸，充满着浓浓的复古风。

- 版面中的大花是从书的腰封上剪下的，叠加一个荡着秋千的小姐姐，画面瞬间灵动起来。

- 我把酒瓶上的酒标撕下来，贴在本子上，图案和颜色都是我喜欢的。

纸的奥秘

我除了喜欢收集各种不同的包装纸之外，还喜欢收集不同的打印纸，喜欢研究不同纸张的打印效果，前前后后用打印机测试了至少 40 种的纸张，在尝试的过程中，我发现了许多非常适合做拼贴的纸，以及各种打印方式。

1 打印机的选择

我用过三种打印机，分别是：彩色喷墨式打印机、彩色激光式打印机和拍立得手机照片打印机。下图是我对这三种打印机的一个简单测评：

	机器价格 单位：元	打印清晰度	打印页数（更换一次墨盒、硒鼓、相纸）	打印速度	成像色差	配件耗材	机器维护
彩色喷墨式打印机	300~500（基本款）	清晰	200~300 页	较快	有点色差	墨盒及喷头	需要时常打印，防止墨盒干掉
彩色激光式打印机	1000 以上	清晰	2000 页	超快	几乎没有	硒鼓	无
拍立得手机照片打印机	1300~1500	较模糊	一套 10 张	较慢	有	相纸	无

彩色喷墨式打印机

优点：机身与耗材相对便宜，打印成本低；打印图片质量较清晰，但存在一些色差。

缺点：更换墨盒频率高，打印速度没有激光打印机快；需要时常打印，以防止墨盒变干。

适合人群：刚入手账坑，对颜色的准确度要求不太高，不需要快速打印大量素材的同学。

彩色激光式打印机

优点：打印速度快，图片清晰，色差小，硒鼓使用时间长。

缺点：性价比低，配件与机身都较昂贵。

适合人群：有大量素材需要打印的同学。

拍立得手机照片打印机

优点：打印机本身小巧可爱，便于携带，可在外旅行时随时打印，打印出的拍立得效果照片，适合直接贴在手账本中。

缺点：拍立得相纸较贵，画质不太清晰，不适合打印素材。

适合人群：喜欢旅行，喜欢打印日常照片的同学。

三种打印机，素材打印实例

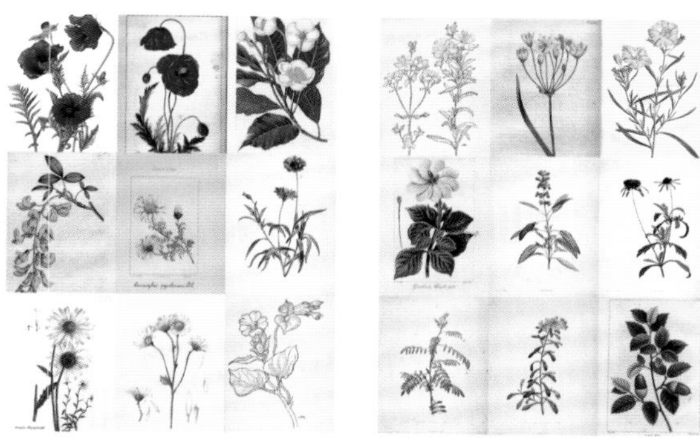

- 打印素材原图（电子版）。

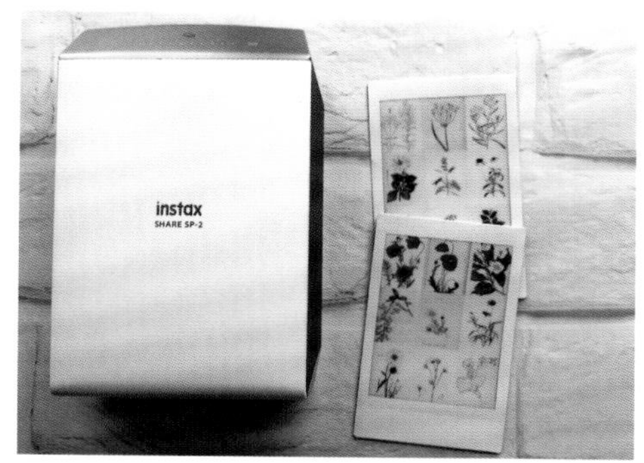

- 用拍立得照片打印机打印出来的素材照片。

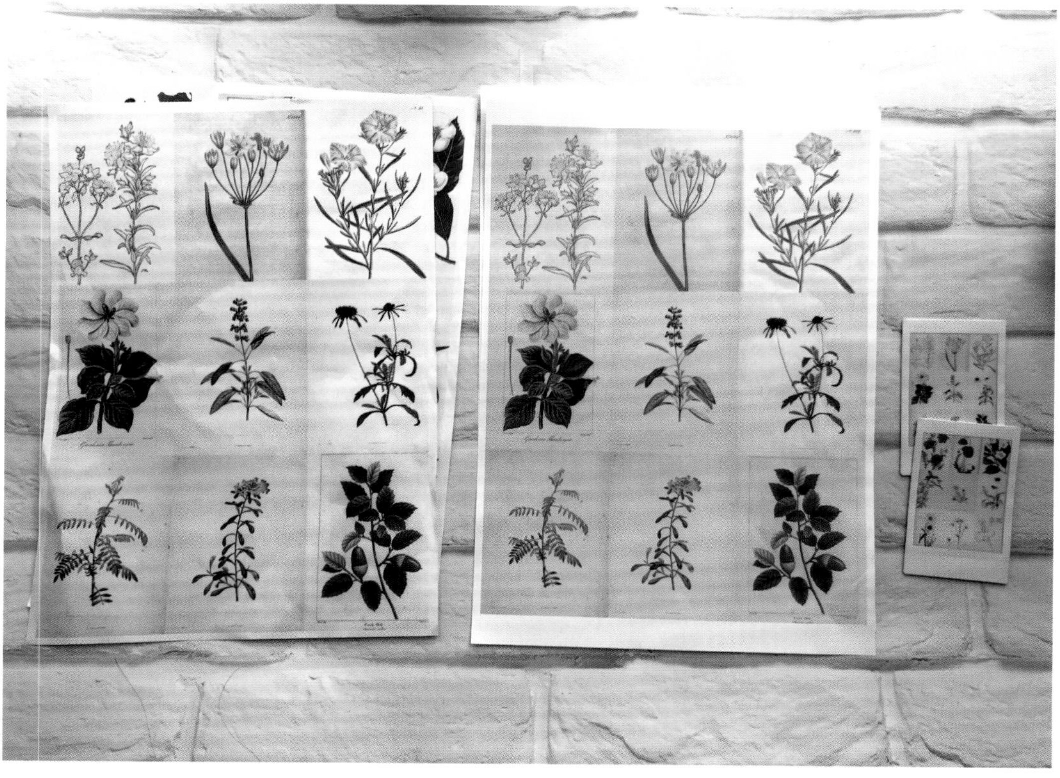

- 三种打印机打印同一素材的效果图，从左到右为：喷墨式打印机、激光式打印机、拍立得手机照片打印机。

- 同种打印纸用喷墨式打印机和激光式打印机打印后的效果对比。喷墨（左），激光（右）。

- 与电子版原图比，喷墨的色差较大，激光打印机更接近原图效果。喷墨（左），激光（右）。

打印后素材拼贴效果

- 喷墨（左），激光（右）。

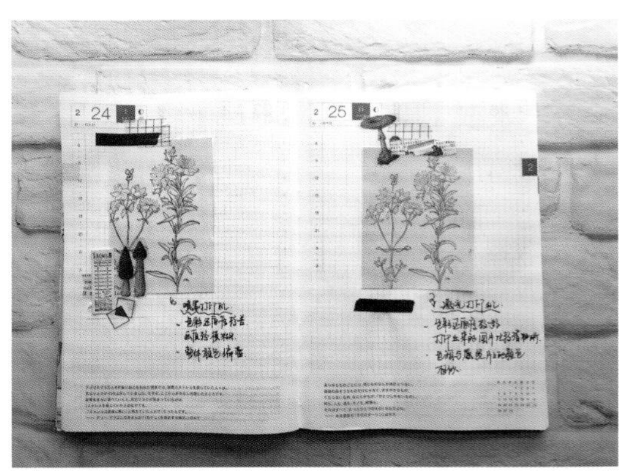

- 喷墨（左），激光（右）。

2 不同纸的打印效果

纸制品在手账拼贴中是非常重要的材料，不管是平时买的胶带、贴纸、便签条，还是外出收集的票根、宣传册、卡片，等等，都是大家喜欢贴在本子上的素材。不同的纸，有不一样的质感，在多层次的拼贴过程中，如何选择不同质感的纸制品是十分关键的环节。

- 同样的黑白单色花朵，用不同的纸打印所呈现的效果非常不同。

常规纸

我经常使用书写纸、牛皮纸、硫酸纸打印素材，除了这些常规纸，我还收集了很多带颜色的纸分享给大家，大家如果有兴趣，可以自己也尝试着打印，比如雅印纸、绢纹纸、大地纸、星彩棉纸、蛋壳纹纸，等等。这些都属于艺术纸。

◎ 牛皮纸

牛皮纸是复古风素材的标签之一，所以我经常用牛皮纸打印素材。

市面上卖的牛皮纸有不同的克数，颜色深浅也不一样，大家购买的时候一定要区分。

我一般购买 70~80g 稍浅颜色的牛皮纸。因为深色会影响图片打印的效果，而克数太重，不但损伤打印机，而且贴在本子上也太笨拙。

我喜欢用牛皮纸制作各种小物，做书签，有时也会在上面画画。

牛皮纸的价格也十分可爱，一包 100 张，80g 的牛皮纸价格在 10 块钱左右。

- 版面中是我用牛皮纸打印的蝴蝶。

◎ 硫酸纸

硫酸纸是我在手账中使用很频繁的纸品，它是半透明的材质，纸张非常挺括，所以我经常用硫酸纸打印出美美的素材，然后作为分隔页或附加页。

因为它的半透明性，能把拼贴中的层次感呈现得很到位，给人一种若隐若现的通透感觉。

- 版面中间的白色主花是用单层硫酸纸打印后粘贴的。

纸质不干胶

用不干胶类的纸品打印素材，最大的优点就是方便使用。由于自带背胶，可以直接裁剪下来粘贴，适合小面积的图案，比如数字、字母。也适合打印裁剪后随身携带。

由于多了一层背胶，不干胶贴纸会比较厚，所以在使用打印机之前，要先确定打印机是否适合打印此类纸品，若打印不当，很易造成卡纸。

一般我常用的不干胶纸有书写纸不干胶、牛皮纸不干胶、硫酸纸不干胶，有时也会使用和纸不干胶、美纹纸不干胶、宣纸不干胶，合成纸不干胶，透明 PVC 不干胶，等等，这些大家可以在确定打印纸是否适合打印机后尝试着打印。

◎ **书写纸不干胶（亚光面）**

◎ **书写纸不干胶（光面）**

◎ **牛皮纸不干胶**

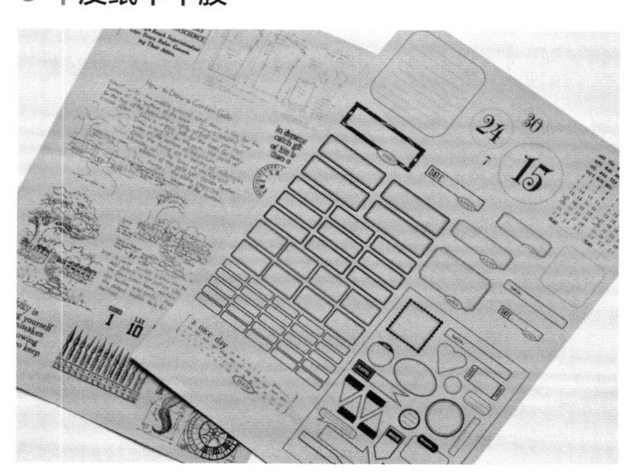

◎ **硫酸纸不干胶**

◎ 和纸不干胶

和纸不干胶就是我们一般购买的和纸胶带，它与硫酸纸相比，没有那么挺括，纸张偏软，也比硫酸纸更加利于书写。我喜欢把之后还会添加文字的素材打印在和纸上，用起来十分方便。

- 版面左上角的黑白花朵，是和纸不干胶打印的，其半透明的特性使报纸上的文字可以隐约透过花朵呈现出来。

◎ 美纹纸不干胶

美纹纸不干胶的表面粗糙不平，所以打印时着墨不会非常浓郁，纹理清晰可见，很适合用作底纹。我特别喜欢用这款纸品，由于它本身的偏黄色和肌理感使打印出的文字和图案有种做旧的感觉，十分复古。

- 版面中是我用美纹纸打印出来的树叶。

3 一纸多用

纸品的功能性非常强大，不仅可以作为打印用纸，我们平时收集的各类纸品，只要善于利用，也能发挥画龙点睛的作用。

- 版面中我使用了克数轻的牛皮纸，随意撕下后贴入本子里，作为背景纸使用，这是制作复古风手账的必备技能。

- 牛皮纸可以作为包装纸，把送给友人的小物简单包装后，立刻变得精致。

- 版面中的花朵是用印章敲在纸上后剪下来的，作为贴纸使用的。

- 用硫酸纸打印后敲章，做成分隔页，使后面的版面镀上了一层朦胧感。

让素材变得更有用的小工具

在收集素材、剪贴素材的过程中，我发现了很多有趣又能提高效率的工具，下面介绍几款给大家。

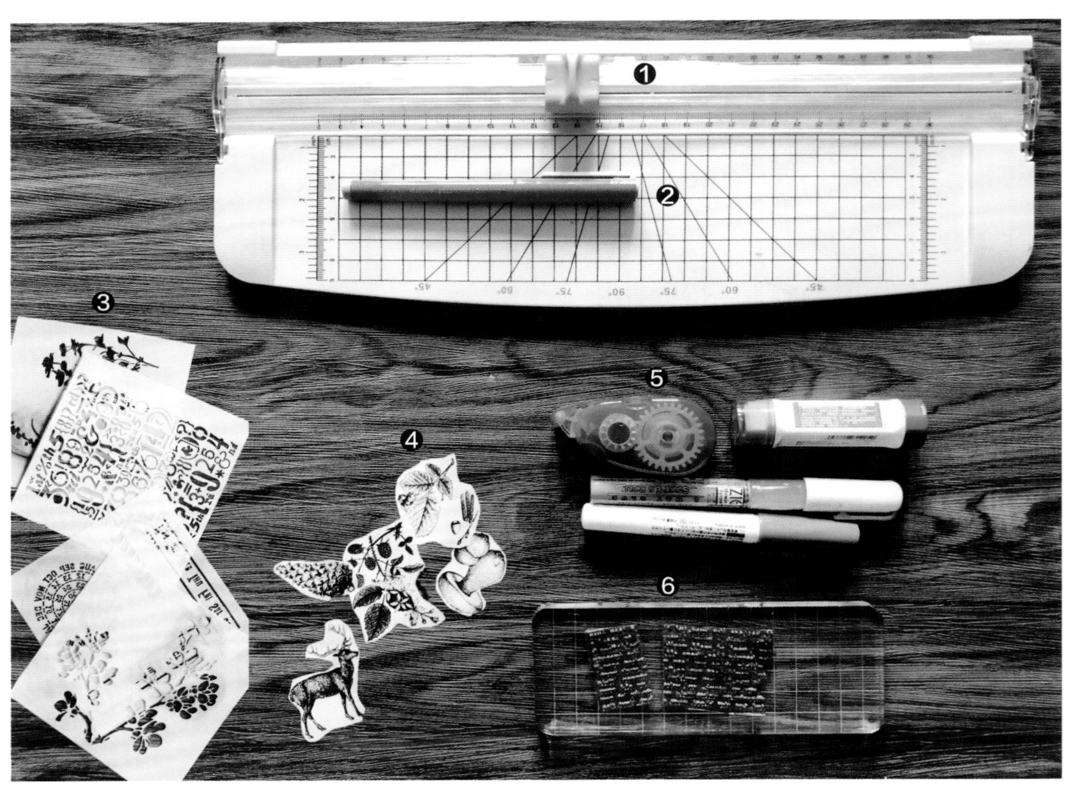

❶简易裁纸刀 ❷笔式裁纸刀 ❸喷雾遮蔽模板 ❹离型纸 ❺各类胶水 ❻亚克力手柄背板

简易裁纸刀

打印的素材或者是杂志、报纸需要裁剪整齐时，需要裁纸刀。它的优点是大面积切割时方便快速，且可以对齐。我经常用它将杂志裁剪出拉条，类似胶带的感觉。

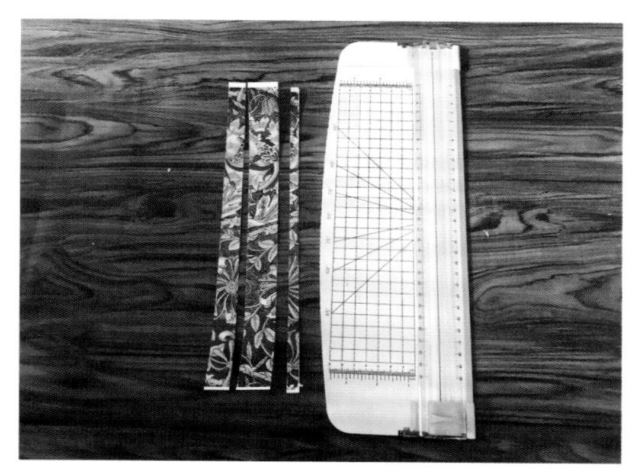

笔式裁纸刀

笔式裁纸刀是用细小的刀头代替笔尖，方便裁剪杂志中的图片，不会裁出毛边，很适合植物和人物细节、边缘的切割。

离型纸

离型纸是把胶带上的图形清晰剪出来的小工具。在胶带上剪细致的图形经常会粘在手上，使用离型纸会让裁剪过程变轻松，而且也方便保存。

离型纸本是离型纸集结成的本子，网上有售，优点是方便旅行时携带胶带和贴纸素材，缺点是性价比低，剪的时候会舍不得。注意，一次不要剪太多，边角容易翘起来。

各类胶水

❶点点胶：最爱使用的胶类产品，简单干净，方便使用，而且黏度适中，不会太伤纸，易于修改。

❷笔状固 / 液体胶棒：适用于小面积的粘贴和细节处的黏合，不易涂抹到外面。

❸直角胶水：适用于直角边缘的粘粘，涂抹均匀，不易溢出。

❹浆糊：适用于大面积的粘贴，性价比高，比较实用。

亚克力手柄背板

亚克力手柄背板，是使用透明印章时的辅助工具，使印章受力均匀地按压在纸上，这样印出来的纹路清晰，不模糊。

喷雾遮蔽模板

这种遮蔽模板是用正负形原理在模板上刷色，然后移除模板，纸上出现清晰的纹路。

效果类似印章，但是这类模板可使用印泥、水彩、彩铅、蜡笔，等等一系列材料代替。

Section 02
排版拼贴

- 我喜欢用心排版记录的每一页手账，就像图中的这页，即便模糊地远看也非常的整齐美观。

我的排版模式与心得

拼贴得越久，我越希望每一页所记录的内容是整齐美观又有自己的风格，所以我花心思研究了排版设计，并且总结出了一套自己的排版模式，在这里将这些心得和经验分享给大家。

我在排版时习惯将左右两面视为一个整体版面，在排版时，对开版面如果需要记录多天内容，那么在排版上也力求统一。下文中的例子都是以对开页为一整版来示范的。

在版面中我会先规划出**主素材区、辅助素材区和文字素材区。**

主素材区、辅助素材区与文字素材区

❶ 主素材区是面积最大，版面中最显眼的区域，一般最先制作。

❷ 辅助素材区是与主素材相呼应的区域，用来修饰主素材，丰富版面。

❸ 文字素材区域是我们平时用文字记录的区域，一般是我最后完成的部分。

按照主素材的体量，把版式设计分为三类

1 只有一个主素材

当版面只有一个主素材时，它成为焦点，主素材的色调最能营造整个版面的气氛，主素材的位置也决定了整个版面各元素的布局。

根据主素材的位置，我把它分为四类——**居中式、上下分割式、左右分割式和环绕式。**

居中式

整个主素材位于版面布局的中心，形成对称的格局。居中式的排版容易给人整齐大气的视觉效果，版面不会显得凌乱，简单易上手，是新手排版时较容易掌握的一种排版方式。

- 版面中间的白色花束与舞蹈着的小姐姐是主素材，旁边围绕的胶带与邮票是辅助素材，图片在版面的正中心，文字区域在主素材与辅助素材的两侧。

- 版面中间的花朵背景图与半张小姐姐的笑脸叠加成为主素材区，左上角的贴纸和印章是辅助素材，整个版面呈现出居中对称的布局，文字在主素材旁。

- 版面中跳芭蕾的小姐姐与复古花纹、蝴蝶组成了版面的主素材，右侧的印章是辅助素材。在这里我将多个素材组合成主素材。

- 版面中的两幅图片、蝴蝶、印章一起组成了主素材区，在这个版式布局中，我没有使用辅助素材，文字环绕着主素材，看起来也很简单整洁。

上下分割式

主素材区把版面进行了上下分割，与文字区域呈现出上下的排版格局。上下分割式给整个版面提供了坚实而整齐的基底，只需在文字或者是辅助素材区做些灵活的调整，版面就会生动起来。这样的排版模式很适合新手，非常简单。也可以尝试着按照不同的上下面积比例，进行分割。

- 版面中的主素材区位于版面下方，文字素材在上方且居中，整个版面整洁、平衡、沉稳。

- 版面中的文字区位于主素材的下方，主素材与文字区被一条中黄色胶带分割，层次分明，布局整齐统一。

- 有时候我也会把本子横过来记录，这样更有趣。主素材区与辅助素材区把画面一分为二，文字记录了两天的心情，看似块状区很多，但是并不凌乱。

- 版面中的主素材是一幅照片，文字区记录了四天的内容，上下分割布局在这里简洁但不单调。

左右分割式

主素材区把版面进行了左右分割，与文字区相呼应。左右分割式的格局是我最常用的，因为版面的主素材会凸出且沉稳，不同面积、不同形式的留白又可以增加版面的通透感，这个模式兼顾了灵活多变和整体统一的两个特性。需要注意的是，排版时要突出左右素材区的边界，使其清晰明朗。

- 主素材区位于版面的左侧，并且越过中线拉伸至版面右边，上下边缘留白，右侧的文字区与辅助素材区可视为一体，整个版面被左右分割。

- 这个版面用了最基本的左右排版布局。左侧戴花的小姐姐为主素材，中间为文字区，右侧是辅助素材区，这样的排版稳定而统一，视觉上给人大气的感觉。

- 左右分割式非常适合大面积的留白，版面中的主素材花朵没有占据整个左侧版面，但是适当的留白与花朵被视为一体。右侧版面上的文字与辅助素材也被视为一体，这样的版面有呼吸感也不杂乱。

- 版面用胶带修饰了中线，同时确定了左右分割的版式布局，左侧的玫瑰占满整页，配上一点辅助素材，右侧版面留白多一些，增强呼吸感。

环绕式

主素材环绕文字，或者是文字环绕主素材都被叫作环绕式。环绕式通常用于铺成满页的版式布局，这种排版模式在 Traveler's Notebook（以下简称 TN）的护照本或者是 A6 的本子中被我经常使用，既能记录文字，又能最大程度地装饰本子。但用这种方式时，尽量只选择一个参照物进行环绕，否则会使得版面没有主题，显得杂乱无章。

- 当这页手账需要写很多文字时，可选择文字环绕素材的方法。但注意素材不宜过于分散，东一块，西一块会显得很凌乱。

- 版面中用线条框出要环绕的区域，让人一目了然。而且整齐有规律。

- 这个版面同样是用主素材加线条的方式框住文字，胶带的拉条可以起到分割和提亮区域的效果。

- 在这个版面中我用了环绕式加左右分割式的布局，几个版式间可以相互组合，会呈现出丰富的层次感与多样性。

2 有两个主素材区

为了整个版面多些拼贴的元素，不显得单调，我有时会设置两个主素材在一个版面上。一版有两个主素材时，我会分为两种模式拼贴：主素材大小相同和主素材大小不同，它们又会与上一节的四个版式组合运用。

两个素材大小相同

- 我在这里所说的两个素材大小相同，并不是所占面积的完全相同，而是面积相似。我喜欢对角线分布素材，文字区可以适当留白，增加呼吸感。

- 版面左侧的主素材与辅助素材所占面积较大，文字区所占面积较小，版面右侧的主素材与辅助素材相对简单且有留白，整个版面呈现出平衡透气的感觉，看着很满，但不会压抑。

- 整个版面是左右分割式。上下都有留白。从两个主素材的位置看，它们用了左右环绕文字的方式来体现。在版面布局中，可以采用一到两种方式组合，增加版式的灵活性，但注意组合的版式方法不要超过两种，否则会显得凌乱。

- 这个版面中较大的字成为主素材，放在版面中非常的醒目。不要怕字太大或太小，只要位置摆放合适，出挑的字体往往是排版中画龙点睛的一笔。

两个主素材大小不同时

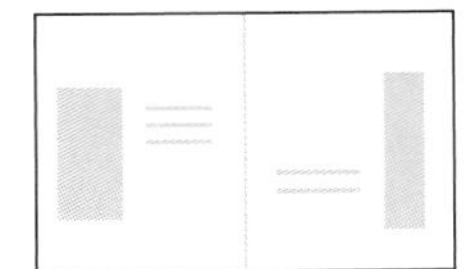

- 版面中蓝色的牡丹花图与棕红色的小姐姐是两个主素材。因为担心凌乱，所以用对角线分布法，它是效果最整齐的排版方式。文字区可以灵活地留白，不需填满页面。

- 有时候面积较小的主素材与辅助素材难以区分，那就不要区分。因为小面积主素材的排版模式可以遵从辅助素材的排版模式。版面左侧的两幅小图既可以当作主素材也可以当作辅助素材。

- 辅助素材有时也能成为版面的焦点。这个版面中一条红色胶带竖穿版面，非常抢眼，让人一眼就被吸引，因为它的存在，左右两侧的版面立马变得统一连贯。

- 在这个版面中留白被作为素材。版面左侧贴入牛皮纸后的白色区域刚好可以看作是白色胶带，它成为左侧主素材的一部分。从视觉上看，与右侧版面相比，反而成为面积较大的主素材。

③ 无主素材区域

当本子过小，或者我们要记录的信息不想被过多装饰时，贴几个胶带贴纸，敲几枚印章，就能使版面活泼生动。我把这种方式叫作无主素材排版。

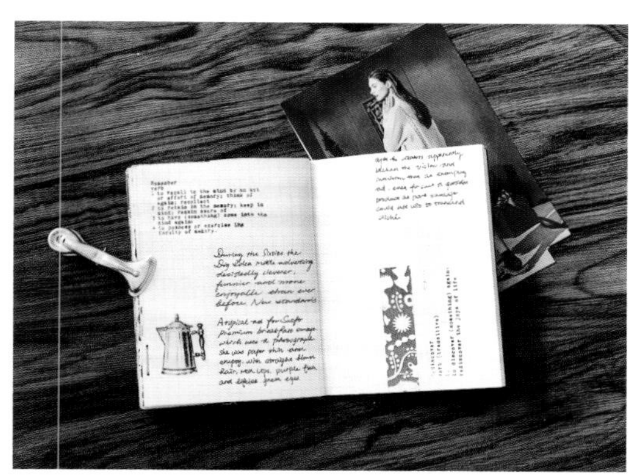

-TN 的护照本是我最常用的无素材排版的本子，因为它本身就很小，写几个字一页就没了，所以我通常不做过多的装饰。

- 想要简单，一目了然地记录日程时，我会把版面一分为二，一侧做拼贴，一侧做记录，这样方便查看。

- 无主素材时，我常用胶带拉条的方式来装饰，所以上下分割式在这时就非常有用。版面中的两种拉条划分了文字区，使记录的文字清晰明确，而且有了装饰效果。

- 用无主素材排版方式的目的就是清晰地记录文字，所以在选择装饰胶带时，我会尽量选用用素雅、简单的花纹。版面中的淡色花纹，使整个版面看起来干净精致。

不同本子的尺寸，不同页面的排版

本子的大小决定着它的功能，比如选择出门时随身携带的日程本，我会选择较小较薄的 Traveler's Notebook（以下简称 TN）护照版；想要记录日常碎碎念时，我喜欢用大一点的 A5 方格本；而需要做旅行手账时，我会用 TN 的标准版……

对我来说，不同大小的本子，因为记录内容的体量不同，也有其对应的排版模式。

下面来说说我在不同大小的本子里，做的不同的排版尝试吧。

❶ TN 护照版 ❷ A6 点阵本（法比亚诺） ❸ 新书本（Midori，以下简称 MD） ❹ TN 标准版
❺ A5 横线本（Moleskine）

1 A5 本子

尺寸：148mm × 210mm

A5 本子可书写的区域大，可以当作日常随笔手账、读书手账、观影手账、灵感脑洞本等。

- 当用 A5 本记录日常碎碎念的随笔本时，我会大面积地拼贴排版。如果想写得多一点，拼贴区就设计小一点，也可以相反处理。

- 如果只是想要简单地记录日程，那么在 A5 本上简单的拼贴就可以了，整个版面会显得十分整齐大气。

- 如果这一页需要记录的文字不多，那么大面积留白在 A5 的本子会呈现特别的视觉冲击力，尤其是与版面右侧的整版素材做对比，会与众不同。A5 本子非常容易在排版上做出惊艳的效果，记住，不是本子多大，我们就要写多少。

- 如果不想留白，且没有很多内容记录时，可以在 A5 本上大胆地拼贴，让主素材环绕着文字。

❷ A6 本子

尺寸：105mm × 148mm（A5 尺寸的一半）

A6 本子是小本子，可以当作日常随笔手账、外出日程手账等。

-A6 的本子适合适当地留白，虽然没有 A5 那么强的对比度，但看起来很和谐，不会太夸张。

-A6 尺寸很适合满字党。这个本子可以轻易地写满。A5 如果想写满整页需要大面积的拼贴，否则很难实现。

-A6 在版面上十分灵活，各种类型都能 hold 住。这一页两个主素材的左右分割式，可以记录两天的内容。

- 版面左侧是一幅满版图片，版面右侧记录了四天的内容，在每天没有那么多可写，但又想有满版效果时，A6 本子可以这样操作。

③ TN 标准版

尺寸：110mm×210mm（与 A5 本子一样高，略窄）
TN 标准版大小适中，薄厚刚好，可以当作旅行手账、子弹笔记、周记录和各种有小机关的本子。

- 做旅行手账时，因为页数不多（一个目的地一本）。可以贴入旅行中的照片、明信片、票据。排版也可以天马行空，做不同的尝试，因为尺寸适合任何体量的内容。我做旅行手账时会先把旅途中收集的能贴的东西都贴上去，再排版，虽然版面不是那么整齐，但是这个过程会给我更多灵感。

- 这是我用 TN 本子做的周记录和日常记录。

- 用 TN 标准版记手账时可以用最简单的左右分割式，也可以在本中另加页面，做成三折的样子。

- 图中是相同色系的周记录与日记录，都是版面右侧被主素材占据，版面左侧记录内容。日记录有少许留白，周记录满版。

④ TN 护照版

尺寸：89mm×124mm

TN 护照版本子很小，可以当作杂事记录本、灵感脑洞本。

- 图中是我用 TN 护照版写好了日期的每日待办事项日程本和寻找拼贴灵感的灵感脑洞本。

- TN 护照版虽然小巧，但是一样可以留白，拼贴时的辅助素材几乎可以不要。

- 找不到颜色灵感时，我会在 TN 护照版上做尝试，因为本子小，所以很容易快速拼完，偶遇到漂亮的配色后，我会再用在大本子上。

- 有时不想写，只想拼贴，就用这个大小的本子过过瘾，然后写一句“今日无事发生，晚安。”也是很棒的。

5 新书本（MD）

尺寸：105mm × 175mm

MD 新书本是瘦长形状的本子，非常百搭大小适合，版式接受度高，留白好看，厚度适中。可以当作摘抄本、读书手账、随笔、旅行手账。

- MD 新书本在不满版时，留白可大可小，因为本子的高和宽比例是 2:1，所以对页平铺几乎是正方形，版面会很统一，很紧密。

- 用 MD 新书本排满版时，满满一页，会非常有成就感。

- 如果想在 MD 新书本上尝试不平衡的排版方式，就把主素材放在本子正中间，在版面右侧上方记录文字，这种“一边倒”的效果看着不错，我想是因为对页呈正方形的原因。

- 这个 MD 新书本的版面用了最常规的左右分割式，一个主素材加一个辅助素材，再搭配一个文字区，保留适当的留白，是页面整齐的版式。

打开空白页面后的操作方式

很多人跟我一样，素材、胶带、贴纸买了一堆，但是真要用时，打开空白的页面，脑子里也空空的，面对一桌的素材，不知从何下手。这一节，我们来说说，当我们在翻开空白页没思路时，可以找到制作方向的两种方法。

1 确定主素材，按主素材的颜色确定主色调

翻开空白页面时，我们可以想想今天最想贴的素材有哪些。是白天拍的有趣照片？是外出吃饭时餐厅里的精美卡片？是一幅美丽的花朵图片？还是一枚车票？一张收据？

先想好要用的素材，然后利用素材里已有的颜色来确定这页的主色调。

素材：秋天，我在北京拍下的落叶
色调：黄绿色

- 先选出要贴的照片，大致了解它们的颜色——为黄绿色，确定整个版面为深黄深绿的色调，选取同色系的胶带和印泥制作。

- 构思出大概的版式，然后把主素材的大概位置贴出来。

- 确定花朵素材区的位置，并粘贴辅助素材。统一做细节装饰，使两块区域和谐。

- 填入要记录的文字，一页就完成了。

素材：从网上下载后打印出的小姐姐美照

色调：黄蓝色

- 根据图片的主色调，选择出同色系的胶带与其他辅助素材。

- 构思版式，确定主素材的位置，适当装饰主素材区。

- 确定辅助素材的位置，然后进行统一的装饰。

- 选用同色系的蓝色水笔，记录文字。

❷ 选择主色调，按照色调找主素材

打开一页空白页面时，如果心里没有特别想要贴的素材，那么可以先找到这页想用的主色调，然后根据颜色找素材。

颜色：红色

- 根据主色调红色选择对应的素材，胶带和印泥。

- 挑选出喜欢的作为主素材，然后确定其在版面中的位置，然后适当地装饰。

- 选择辅助素材的位置，然后整体上做细节装饰，使其统一协调。

- 填入文字，注意留白。

使版面干净整齐的排版技巧

很多人想把各种元素都贴入本子，但元素一多，势必会显得杂乱无章。

复杂的多种元素与整洁干净的版面，看起来是两个对立面，很难做到兼顾，其实不然。

在排版拼贴时，留意以下三方面的问题——**对齐、留白、线条**，它们会让你的页面立马变整齐。

我们先来看一个反面案例

- 这是一页没有考虑对齐、留白、线条的页面，整个版面看起来没有重心，杂乱无章。主素材区、辅助素材区和文字区没有界限感，全部混在一起，视觉上给人一团乱的感觉。

三① 对齐

对齐的版面就像有一条隐形的线，牵连着版面中的各个部分，在无形中，框出各个区域。在手账排版中，对齐可分为文字对齐和区域对齐。

- 文字对齐，是把文字区左对齐或者右对齐，使得整个文字区形成块状，视觉上很整齐。

- 这个版面中的文字对齐让整个版面清爽、清晰。

- 区域对齐是指其他元素也按照一定的对齐方式有序地排列，版面中的素材有序地对齐，无形中有被框住的感觉，视觉上立马整齐的效果。

- 这个版面中同时运用了文字对齐和区域对齐，版面平衡且整齐。

2 留白

留白是使版面干净的最有效方法。适当的留白可以使版面有呼吸感，不会太拥挤。less is more（少即是多）被完美地体现。有时候，大胆的留白可以带来惊艳的效果。

- 版面左侧为主素材区，在中间拼贴留白了周围区域，让人的视线一下子被聚焦。同时留白也增加了版面的呼吸感。

- 在这个版面中素材与素材之间的小面积留白非常重要，不但可以划分区域，还能平衡整个版面。

- 把文字区放在版面右侧的中间位置，而不是从顶端开始写，这样做一方面是使画面更有设计感，另一方面，当你没有那么多文字要写的时候，从中间开始写，写完不会使未写区域全部在下方，给人没写完的感觉。

- 在整个版面的下方被规则地留白，让画面重心上移。版面左侧的文字区旁被适当留白，从视觉效果上看，也增加了空间感。

3 线条

用线条框出每个区域，也是一种有效地使版面整齐干净的方式，线条可以是胶带拉条，也可以自己绘画。

- 版面是我用窄胶带框出了文字区的右半边，既增加了版面的设计感，又明确点出了文字区域的范围，使注意力一下子集中到框里。

- 这个版面同样用窄胶带框出文字区，与旁边的主素材区的长方形图片形成了两个相似形状的区域，增加了对比感，使得画面变得十分特别。

- 这个版面中用笔画线条代替胶带，框出了不同的区域，既干净，又方便查找。

- 这个版面同样也用线条框出区域，画线跟胶带相比，相对较细，不明显，但是不容易出错，不会喧宾夺主。

4 对齐、留白、线条的组合运用

对齐、留白、线条三者可以任意组合运用。留白与对齐可以看作是一条无形的线，而线条是有形的线，运用的目的就是框住、区分每块区域，使其整齐、清晰、明确地表达内容。

- 这个版面将留白、对齐、线条同时运用。

- 这个版面也是将对齐、留白、线条同时运用。

- 在这个版面中对齐和留白被同时运用，这是我最常使用的组合。

- 这个版面中我也运用了对齐和留白的组合。

多层次，异素材拼贴法

我喜欢把不同的素材叠加着拼在一起，相互重叠，交错。很多素材只露出一小部分，我会选择最漂亮的部分展示出来。

这样的拼贴方式是我在无意中发现的：当我写错文字或者是素材用错无法修改的时候，我会想办法用别的素材把它遮盖；当素材中的某些部分和版面不和谐，太突兀时，我也会用另一个素材遮盖。

久而久之，我发现这样的方式也能把素材贴漂亮，丰富层次感。

1 从底纹背景入手

底纹背景是铺在版面最下层的，任何素材都能作为底纹，有时也会被大面积覆盖成为辅助素材，起到衬托主素材的效果，有时底纹也可以作为主素材，在其周围添加一些装饰拼贴即可。

注意：

- 各个层次之间最好是能相互覆盖，有关联性。
- 当底纹背景为主素材时，不要遮盖太多的主素材，且装饰物不能太多。
- 可以选择不同材质的素材做叠加，丰富整块区域的画面感与层次感。
- 注意色彩间的和谐。

- 版面中的暗红色花朵图案是底纹背景，也是辅助素材，衬托了贴在上面的小姐姐，决定了整个画面红棕色的色调。

- 版面中的两个小姐姐图片是底纹背景，也是主素材，旁边的拉条、文字、花纹装饰了主素材。

我常用的底纹背景素材

- 用细腻的花朵做底纹背景。

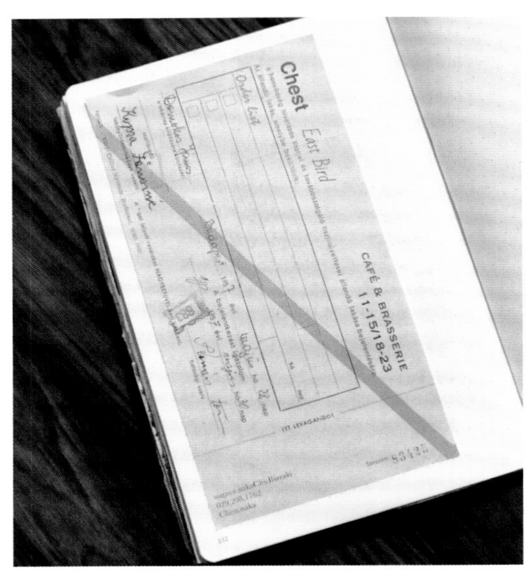

- 用票根、票据做底纹背景。

- 用漂亮的图片做底纹背景。

- 用印章敲出的图案做底纹背景。

底纹背景做主素材时的拼贴步骤

- 选择一幅图片作为底纹背景。

- 选取与图片色调相近的胶带拉条贴在底纹背景周围。

- 在胶带上敲上同色系的印章，花朵与日期，增加层次感，印章最好是油性印章。

- 继续加入细节元素：英文字与黄色胶带拉条，这些元素可以适当覆盖主素材，营造出一种重叠的感觉。

底纹作为辅助素材时的拼贴步骤

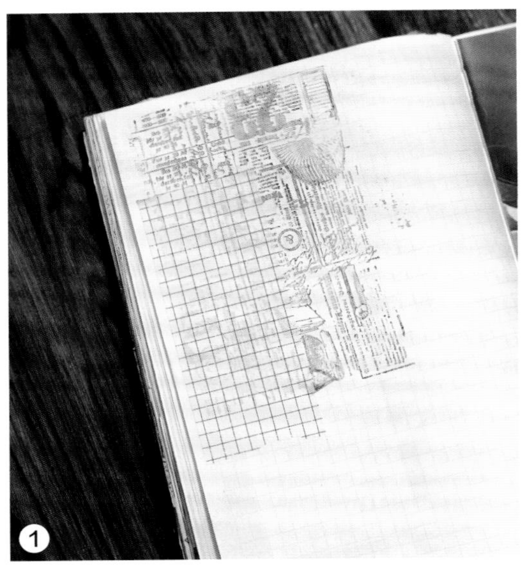

- 先敲上印章，再叠加一层格子胶带，增加错层感。

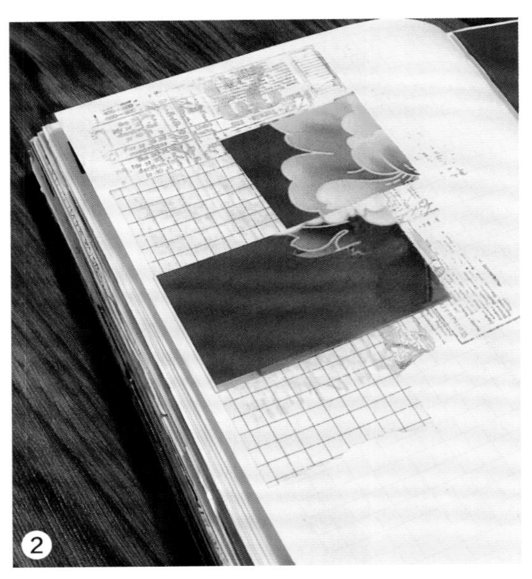

- 贴上一层大红色的古典印花图纹，注意错开下面两层的图案。

- 贴上自己喜欢的小姐姐图片，注意颜色搭配的和谐，在这个版面中，小姐姐是视觉的中心。

- 继续在胶带与图片上叠加美纹纸和邮票，使得花朵图片与胶带装饰物看起来融为一体，增强关联性。

❷ 修饰作用的辅助素材如何拼贴

辅助素材是整个版面的协调者，不但协调了区域间的颜色，同时也协调了各个素材间的关系。

- 当版面中只贴了主素材时，略显单调。

- 当增加了辅助素材之后，版面显得更为丰富，色彩也丰满了。

- 版面右侧增加绿色系的胶带和带文字的棕色胶带。

- 版面左侧增加了印章、邮票、胶带等素材，丰富了主素材。

辅助素材不用依附主素材，可以单独拼贴

- 版面的右上角是辅助素材区，红色胶带、数字标签贴和复古图案相叠，红色胶带与左下角的红色花束呼应，增加了关联性。

- 版面右下角是辅助素材区，红色复古图案与左上角的拉条图案相同，体现了整个版面的统一性，花朵印章、标签贴增强了辅助素材区域的层次感，显得更加的精致。

辅助素材也可以是单一素材

- 版面左侧的红色拉条胶带是单独的辅助素材，呼应了主素材的色调，使整个画面统一和谐。

- 版面左上角的印章是单独的辅助素材，起到了框定版面大小的作用，即使没有被明显的线条框住，也知道版面的边界在哪里。

3 增强通透感的硫酸纸

硫酸纸在覆盖其他素材时，因为半透明性，会透出被覆盖的素材，呈现出若隐若现的效果，增强异素材的层次感。

用硫酸纸来做拼贴的底纹背景时，会特别轻透，薄薄一层贴在本子上非常好看。

- 这朵花是用硫酸纸打印的，贴在报纸和胶带上，能透过硫酸纸，隐约看到报纸上的字和胶带的颜色，增强了层次感，十分特别。

4 手撕素材，解压又随性

徒手撕报纸、杂志、胶带素材时，由于手撕过程的不规则性与不确定性，给拼贴增加了几分乐趣，版面也变得十分新颖。

- 版面左上角的红色素材是徒手撕出的，与下方剪出的红色框相比，手撕感更加随性、生动。

5 大胆地把美美的素材一分为二

大家遇到美丽的花朵或者完整的图片时都舍不得破坏它们，其实有时候把它们一分为二贴在不同的区域会更加相呼应、和谐。

- 版面中的黄色玫瑰被我一分为二，作为底纹背景，平衡地贴在对页中。

有趣的本中机关

有时，我们想贴入的照片、图片、单据与版面不搭，还有时，我们会遇到版面不够写的情况，这时，我们可以在本子中增加一些插页或小机关解决问题。

1 插页

插页是嵌插在版面中的添加页，我增加这页的目的，有时是为了装饰，有时是因为照片太多贴不下，有时是为了嵌插明信片，有时只是单纯觉得好玩，通常情况下，我会用胶带或胶水将插页粘贴在本中。

- 这个版面中特意把插页做得小一号，这样可以露出后一页的黄色，显得很有趣。图中是插页正面。

- 插页的反面如图，插页与后页的颜色注意和谐搭配。

- 这个版面的插页是我收集的明信片，用胶带固定在本中。

- 这个插页的后页中贴了一朵艳丽的红花，画面一下子亮了起来。

2 延长页

延长页一般是在整版的左右两侧边缘位置添加，可以用胶带粘贴，也可以用图片等素材覆盖着粘贴，在版面写不下或者照片太多贴不下的时候，可以选择这种方式增加页面。

- 这个版面中用了大面积的拼贴，所以增加了延长页，版式也变得有趣起来。

- 某日要贴的照片太多时，也可以使用延长页，版面中竖向的那幅大照片，被安排在延长页上。

- 当遇到喜欢的图片太大，贴不下时，也可以使用延长页，然后折进本中。

- 左图的延长页在翻折之后的样子，注意颜色的协调。

3 小口袋

小的信封贴在本中可以当作小口袋收纳小物，比如说，打印出来贴不下的照片、车票、单据、叶子、花瓣，等等，都可以塞进小口袋里，不仅保存了贴不下的小物，还使页面变得有趣。

- 秋天捡到的银杏叶，因为贴在本子中很难保存，所以在版面中粘贴了小信封将叶子放进去。

- 出门玩时收集的票据，如果直接贴在页面上略显不搭，所以把它们一起放在硫酸纸做的信封里，再稍做装饰。

- 当照片太多又不想增加延长页时，可以在版面中再增加一个小口袋，把多余的照片装进去，这很适合用在旅行手账中。

- 这是摩洛哥旅行结束后做的旅行手账，在本子的最后一页增加了一个小口袋，把贴不下的照片和票据放入其中。

4 明信片、票据和宣传册等装饰素材

我们希望把生活中的种种回忆贴入本子，比如纪念品的单据、精美的卡片、明信片，等等，但是有时它们被直接贴在本子中并不美观，所以我们可以在装饰版面的同时，把这些回忆素材也一并装饰了。

- 版面中对页两幅图片下覆盖的是我去摩洛哥时兑换外币的单子，白色的两页纸，直接贴在本中很难看。我在翻折的白色页面背后各加了一张背景图片，稍微做了修饰。

- 左图在打开后，呈现出单据的样子，一举两得。

- 版面右侧粘贴的是买鞋的单据，左侧原本是白页，我用杂志上的图片覆盖上去，丰富了页面。

- 买到好吃的饼干，饼干包装里的卡片舍不得丢掉，我将它贴进本子，贴上可爱小姐姐图片装饰版面。

Section 03

颜色搭配

– 每个人对于颜色的感受和解读是不同的。复古色更是一种较为宽泛的颜色种类，因为复古本身就分了很多风格的支系，所以我在拼贴过程中发现只要搭配得当，很多颜色都会体现出复古的颜色。

我爱用的复古色

在做手账的过程中，总有几种颜色是我偏爱和常用的，买胶带和贴纸时，遇到自己喜欢的颜色也会毫不犹豫地买买买。这些颜色就是每个人的常用色，它们也是个人风格最直接的体现。在我的拼贴中，时常会用到**酒红色、墨绿色、宝蓝色，以及各种棕色**；而对于明度高的粉色、薄荷绿色、浅蓝色则不太敢尝试。

1 我理解的复古色

特点 1：纯色里加了墨

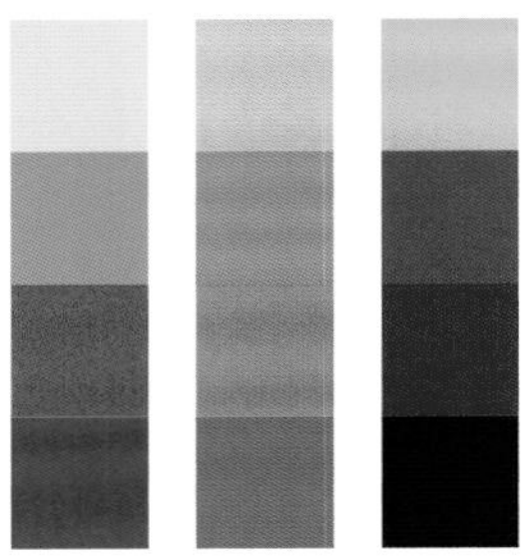

三栏色块从左至右是黄、绿、蓝、红四色从纯色慢慢变暗的过程。中栏、右栏是我在拼贴中常用的颜色，给人一种古典、稳重的感觉。在拼贴里使用质感厚重的颜色，会使画面更加稳定，有格调。

- 这两幅图是 20 世纪出现在巴黎的海报。洋溢着浓烈的复古风格。颜色的饱和度高但是偏暗，我的感受是这里的颜色，似乎都加了一点黑墨水，浓郁、暗沉，看上去有厚重的历史感。

特点 2：**“雾蒙蒙”的灰色调（浊色）**

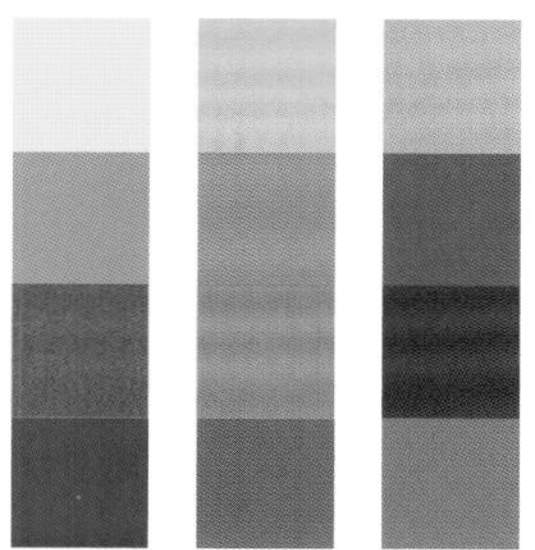

三栏色块从左至右是黄、绿、蓝、红四色从纯色逐渐加**灰色**慢慢变化的过程，从纯色调变到浊色调。浊色调给我的感受是柔和，稍显轻盈，画面给人雅致、舒畅的感觉，而浊色中的浓郁感依旧存在。在拼贴手账的过程中使用这些颜色，不仅使画面变得柔和耐看，又充满了丰富的年代感。

- 这两幅画，是 19 世纪的捷克装饰画家、艺术家穆夏的作品。他使用了较明亮的颜色，但是给人一种“雾蒙蒙”的感觉，颜色纯度降低，变得发灰。拥有随着时间流逝逐渐变老的年代感。

特点 3：怀旧的棕色系

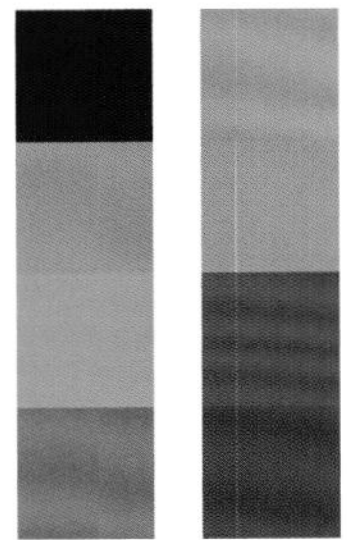

两栏色块是我随意选出的棕色，与橙色、红色接近，棕色给人复古和暖洋洋的感觉。在手账里，是一款十分百搭的颜色，能调和突兀的色块，连接视觉强烈的对比色，承担了版面承上启下的作用。

- 这两幅画是 20 世纪出现在法国的海报，左侧浓烈，右侧柔和，但都有着浓浓的复古风格，同时，两幅画都是以棕色为主色调的。在我们的印象中，棕色系总能与过去、历史、怀旧这些词联系在一起，提到棕色就自然而然想到复古。

❷ 我的常用色

我希望尝试每一种颜色，但是总有几种颜色，我会反复用到，不仅仅是因为偏爱、好用，它们也是我个人拼贴风格的体现。下文列举四种我在拼贴中最常用到的颜色（名字是我为方便讲述，自己起的）：圣诞红、雨林绿、梵·高蓝、焦糖棕。

圣诞红　圣诞红色比酒红色更艳丽，比正红色更浓郁。我经常会使用这种红色与棕色、黄色、黑色相搭。在版面中，红色是前进色，视觉上给人往前冲的感觉，所以，它是提亮版面，让画面瞬间映入眼帘的颜色，很有记忆点，既热烈又震撼。

雨林绿　雨林绿是热带雨林的颜色，浓郁且深沉。我特别喜欢这款绿色，令人印象深刻。在版面上，我经常将它与明黄、棕色、红色相搭，给人盛夏光年的感觉。这种颜色既稳定了版面结构，又使画面沉稳且柔和。

梵·高蓝

梵·高蓝是梵·高画作 branches of an almond tree in blossom（译为“杏花盛开”）中的蓝色，不浓郁，也不暗沉，但仍然夺人眼球。我喜欢把这种蓝色作为底纹背景，然后简单地搭配黑白色，或者是同色系，偶尔用小面积的黄色撞搭，也十分好看。这种柔软的蓝色，带着古典的韵味，适合在版面中大面积运用。

焦糖棕

焦糖棕是一种带着甜味的颜色，幸福地让我想起加了棉花糖的焦糖玛奇朵咖啡。它的颜色虽明亮但饱和度不高。给人柔软、典雅，有气质的感觉。所以焦糖棕是十分百搭的颜色，适合大面积的使用，也适合小面积的修饰主角。

我的配色方法

在手账拼贴的过程中，颜色搭配是非常重要的环节，因为收集的素材本身颜色丰富，风格各异，所以如何将这些素材的颜色搭得好看，搭得特别是很多手账人都遇到过的难题。

很多时候，素材们单独看都不错，但拼贴在一起却非常不搭，这时很可能是颜色搭配上出了错。

常常有朋友问我，为什么自己的版面特别凌乱、不整洁？其实问题出在颜色太多了，失了重点，给人“眼花缭乱”的感觉。

我特别喜欢研究颜色，也尝试过许多颜色的搭配，在尝试的过程中总结规律，找到了颜色搭配好看的窍门。由于我不是设计专业出身，所以在这里我省去很多专业的色彩术语，用我自己总结、概括的更好理解的语言，为大家讲解。在这里我总结出搭配颜色的三种方法——**相似色搭配法、撞色搭配法、彩虹配色法**，希望对大家有所帮助。

在手账拼贴时，我一般会先确定主色调然后再选素材，或是根据素材选择合适的色调（参见P68，打开空白页后的操作方法），当根据素材选色调时，会选择素材里已有的颜色，它们可以是主色，也可以是辅色。有时候，素材的主色不是那么明确，我们可以把眼睛眯起来看素材，呈现出的整体颜色，就是素材的主色调。

通常情况下，拼贴时所选的颜色不要超过三种。**我一般会选择两种颜色做主要搭配，再选一种百搭的中性色（黑、灰、棕）来做辅助。**

- 在这个版面中，我将绿色和橙棕色作为主色调。报纸的灰色、胶带的奶咖色，以及黑色的文字都成为其中的辅助色。

❶ 相似色配色法

相似色配色法就是把 2~3 种相似的颜色组合在一起做拼贴，让整体版面看起来呈现出一种色调。

在选择相似色时，可以选择一种颜色，比如红色系中的不同纯度、不同饱和度的颜色搭配在一起，呈现出红色调的版面。

也可以选择两种相似的颜色，如蓝色和紫色，把它们拼在一起，呈现蓝紫色调的画面。

我常用的相似色搭配：**青草绿和橄榄绿、朱砂红和橙色、薰衣草紫和迷雾蓝。**

黄色系

如果整个版面定调为黄色调，那么，我喜欢用黄色与橙色、棕色、橙红色等相似色相搭。中间穿插深绿、褐色、棕红等颜色。

举例

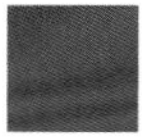
棕黄色

土黄色

正黄色

- 版面从整体上看呈现橘黄色调，版面左侧用淡雅的黄色花朵与色彩明艳的黄色蝴蝶相搭，中间的灰白色调小姐姐协调了两种黄色，使得它们被凸显出来，画面更为立体，有层次。
- 版面右下侧搭配了两种黄色胶带，浓郁的绿色叶片和印章平衡了橙色花朵，使整个画面不会显得黄色泛滥。

蓝色系

当整个版面定为蓝色调时，我常常用不同的蓝凸出画面的层次感，再搭配上相似的绿色、藏青色，而辅助色多选择棕色系。

举例

海军蓝

橄榄绿

雾霾蓝

- 版面中是两种蓝色和一种绿色的组合，呈现出蓝绿色调。
- 版面右侧为拼贴页面，以黑白照片做底纹背景，浅褐色的文字图片做修饰，这两种颜色都没有蓝绿色明亮，因此反而压住了整个画面，使整体看上去统一、平衡且高级。
- 版面左侧的辅助素材区拼贴了蓝绿色胶带，印章颜色也选择了蓝色，整个版面干净、利落。

2 撞色配色法

撞色配色法就是用两种看着完全不同的颜色相搭配，让整个版面的颜色丰富且有视觉冲击力，在选择撞色时，可以遵循互补色的法则来搭配，例如红配绿、蓝配橙、黄配紫。或者是先选出素材，再从不同素材中确定相撞的颜色来搭配，当然，还可以根据自己的感觉，尝试各种颜色的拼搭，例如粉色配灰色、绿色配橙色，等等。

我常用的撞色搭配：**宝石蓝和柠檬黄、玫瑰红和墨绿色、黑色和白色。**

墨绿色　黄棕色　暖褐色

- 绿色和黄棕色的撞色搭配，整个版面呈现黄绿色调。
- 从版面右侧的主素材图中提取绿色和黄棕色作为主要撞色。
- 在版面左侧的辅助素材区域中，用了棕色与绿色的胶带拉条，印章颜色也选择了绿色，同时，文字我也特地用了深绿色墨水书写，由于文字所占区域很大，所以在记录时，也要考虑墨水的颜色。

紫红色　深黄色　藕芋色

- 紫色与黄色的搭配是这个版面中我想呈现的，以紫色、棕色为主，黄色为辅，使整个画面明媚艳丽。
- 版面左侧的黄色虽然所占区域很小，但是非常显眼，黄色胶带与花蕊的颜色也相互呼应。
- 版面右侧的紫色所占面积较小，黄色面积增大，更多地运用了浅藕芋色调使得整个画面明亮却不浓艳。

注：两种艳丽的颜色相搭时，请注意版面中用色的面积。

举例

正红色　藏青色　卡其色

- 版面中选取了素材中的大红色与藏青色作为两种撞色，使得整个版面的色彩对比非常强烈。
- 版面中，页面本身的白色作为背景色也是撞色色调的组成部分，请不要忽视。
- 版面左侧的红色牡丹最是夺人眼球，所以用浓郁的藏青色压一压，起到平衡色彩的作用。
- 版面右侧选用了一块卡其色为主色的图片，目的是中和红、蓝这两个对比强烈的颜色。

举例

皇家蓝　奶茶色　金棕色

- 版面中的蓝色与金色为撞色，蓝金的搭配使整个画面充满古典的气质。
- 版面右侧的蓝色牡丹是增色的一笔，与版面右侧主素材的蓝金色相呼应，两条奶茶色的胶带中和了强烈的色彩冲击。
- 版面左侧的红色印章，虽看似不起眼，但修饰了主素材，使版面精致、丰富。

3 彩虹配色法

如果掌握相似色配色法和撞色配色法感觉有点难度，那么可以选择我多次拼贴后总结出的一种更为容易学习的配色法，我给它取名彩虹配色法。

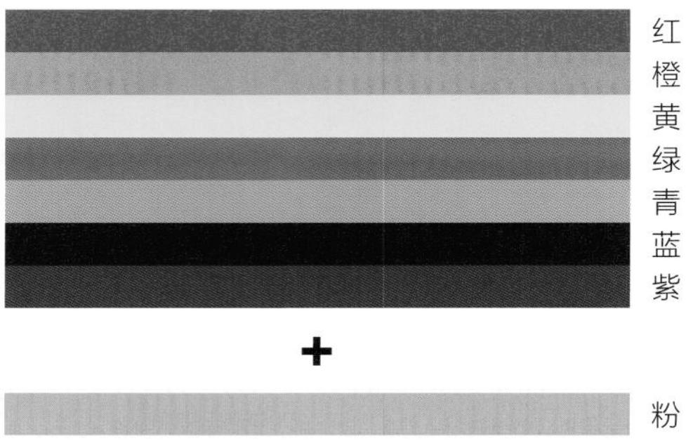

彩虹配色法怎么用?

先在心中将彩虹的颜色默念一遍：红、橙、黄、绿、青、蓝、紫，之后我们再添加一个粉色，这就是彩虹色谱（如上图所示，请注意粉色色条放在竖向最下方，方便之后的颜色搭配）。

彩虹配色法的相似色：彩虹色谱上相邻的两个颜色是相似色。

举例：红橙、橙黄、黄绿、绿青、青蓝、蓝紫、紫粉、粉红。

彩虹配色法的撞色：彩虹色谱上相隔的颜色，可以隔一、隔二、隔三，都是撞色。

举例：红黄、红绿、红青、橙绿、橙青、橙蓝。

彩虹配色法的优点

彩虹色谱特别容易被记住，每个人都会背彩虹的颜色。当我们遇到不知道该怎么配色时，只要在心里默念一遍彩虹颜色，找个想搭配的颜色就可以啦。

举例

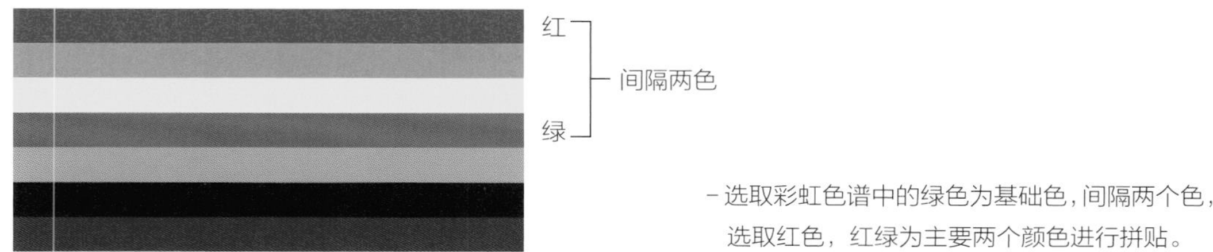

- 选取彩虹色谱中的绿色为基础色，间隔两个色，选取红色，红绿为主要两个颜色进行拼贴。

墨绿色

朱砂红

烟灰色

- 版面中选取了墨绿色和朱砂红为撞色主色，之后选择相同色系的素材。
- 版面左侧的红玫瑰恰好将两种颜色都包含在内，版面右侧的两幅图片也是红绿色为主色调，拼贴在一起，并用胶带串连。搭配上黑白色调的小姐姐照片，整个版面再没有混杂更多颜色，直接衬托出两个主色调。

举例

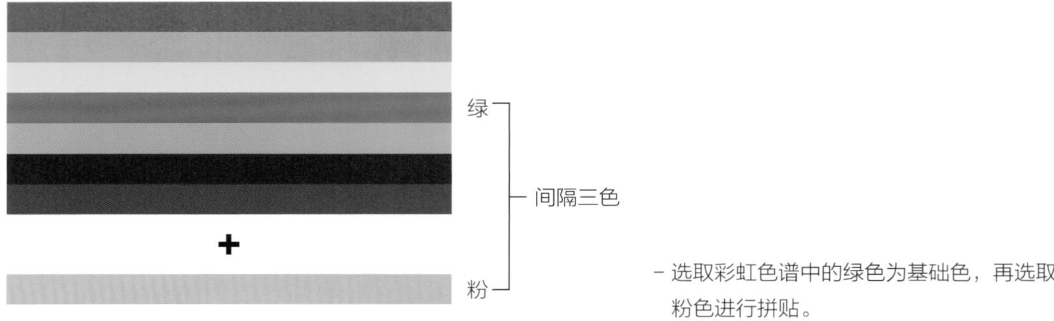

- 选取彩虹色谱中的绿色为基础色，再选取粉色进行拼贴。

雨林绿

橄榄绿

烟灰粉

- 版面的主色调是粉色，加入小面积的绿色系元素相撞。
- 版面中两种不同的绿与大面积的粉色搭配拼贴，使整个版面看起来充满了青春活泼的气息。
- 左右两侧加入黑色数字和剪贴的黑色文字，平衡了版面，使视觉上更加舒服。

四季和节日的颜色

记手账，记的是心情、感受与回忆。除了照片与文字，用色彩记录也是一种很有趣的记述方式。用颜色来记录生活，将四季的变化和时间的印迹留在充满岁月回忆的本子里。

在特定的节日或者纪念日里，在本子中记录属于那天的独特颜色，也是很有意思的事情。比如红配绿的圣诞节，南瓜黄的感恩节，帝王红的新年，等等，都可以记入本中，作为回忆。

1 鲜黄嫩绿的早春

春天是生机勃勃，春意盎然的。在春天时写手账，将象征着生命力，积极活泼的嫩芽颜色，放入本中。

春天出游时拍下的照片，是很好的素材，把大自然的颜色放进本子里，既能留下春日的回忆，又可以给本子增加万物复苏的气息。

- 这个季节，我会选择带有鹅黄、明黄、草绿、嫩绿等的颜色素材，贴入本中。

2 郁郁葱葱的盛夏

时间转入盛夏，草木变得繁茂，手账本中的颜色随着植物颜色的变化而变化，少了青涩的黄色调，多了些成熟厚重的蓝色调，绿色也从嫩绿色转成了墨绿色。

- 这个季节，我的常用色主要是蓝绿色系。蓝绿色的画面，能给我一种清凉的感觉，给炎炎盛夏，带来丝丝凉爽。

3 枫林尽染的深秋

秋天是丰收的季节，枫叶尽染。叶子也会在此时由浓绿转为黄色。梧桐叶掉落时的颜色，是棕色。手账里的素材也变得超级丰富，可以是秋游的照片，可以是掉落的枫叶，还可以是用棕色墨水记录的文字。

- 这个季节，我会选择红棕色系、黄棕色系的素材，尤其是带有这些颜色的胶带或者印章。

4 白雪皑皑的隆冬

冬天在我的手账本里是淡淡的迷雾蓝，是白雪积在地面反光的颜色。无法把雪收入本子，那就收集雪带来的颜色吧。

- 这个季节，我会找一些有冬季感的素材，比如颜色偏冷的胶带，会经常使用冷灰、冷蓝等颜色，还会换上蓝色墨水的笔记录冬日。

5 节日——“红配绿”圣诞节

手账的仪式感在节日时会特别地体现出来，在圣诞节的前后，我的手账中都会加入有圣诞气息的素材。这些素材中一定会有圣诞红和圣诞绿。

- 圣诞节的素材非常多，而且特征明显。例如拼贴植物素材时选择有圣诞节气氛的松针，或者自己画一枝松针在手账中，圣诞的气氛瞬间出现。

尝试新搭配，加入自己的风格

1 加入自己的颜色

手账记录的是属于自己的记忆，是自我风格的最直接体现。虽然复古风拼贴的大致颜色特点是可以总结的，但是，每个人都有自己的偏爱颜色和常用颜色。在拼贴中，加入自己的颜色，才能体现出独有的特色。

- 版面中是水彩混合出的“脏粉色”与灰色调的搭配。粉色和灰色都是我喜欢的颜色。

2 留意生活里和谐搭配的颜色

细心观察生活，生活中会不断发现美丽、和谐的配色，这也是寻找配色的好方法。留心街边特色小店装修的颜色、广告的宣传单、自然中无意间搭配出的颜色、一本书、一件毛衣、一只杯子都可以给你新的配色灵感。

生活中让我眼前一亮的配色

- 一束花的配色，给了我橙色、黄色、绿色搭配的灵感。

- 在摩洛哥路边遇到的皮质小凳子，加上蓝色的背景，给了我淡蓝、墨绿、砖红色的搭配灵感。

- 博物馆附近排排坐的染缸，深蓝、橙红加奶咖色的搭配，让我眼前一亮。

- 上海法租界街边的邮筒，让我知道原来绿色和金色可以这样搭配使用。

3 肆意尝试的灵感脑洞本

大家也许和我有同样的困扰，有时两个单独看好看的颜色搭在一起却并不好看。因为有这种顾虑，在拼贴的时候，总是迟迟不敢下手。

为此，我专门准备了一个本子，收集天马行空的搭配和灵光一现的搭配色，我给这个本子起名叫 art journal。在这个本子上，我随意搭配颜色，任意贴、涂、画，当作手账的，“草稿本”不用担心贴坏或者贴丑。

消除了不敢贴的顾虑，我会大胆地在本子上试色，把平时不敢用的元素往本子上贴、涂，慢慢地，我发现，很多美妙的搭配就此产生。

- 这是来自前页中提到的那束花的灵感启发，版面中浓绿色的素材搭配了橙黄与橙红色作为底色。画上一层淡淡的金色的植物使整个版面看起来春意盎然，颜色明亮。

- 因为想尝试红与绿的搭配，所以试着在灵感脑洞本上用大面积的绿色作为打底色，小块的红色作为撞色来搭配，再配上一层古铜金色，用羽毛图形的凸粉协调版面使整体的视觉冲击力很强烈，但是又不落俗。

Section 04

记录内容

- 我目前在用的手账有六本，周记录是每天待办事项的提醒本；一日一页是日常记录本（我经常开天窗，所以也可以说是 N 日一页）；观影手账是我看过、印象深刻的电影感悟记录；旅行手账是旅行回忆记录与旅行时票据、照片的记录本；脑洞灵感本是我脑洞大开，随意拼贴和涂鸦的灵感脑洞本。

周记录本

我的周记录本子是用来记录待办事项清单的（To Do List），把每天要做的重要事情记下来，做完后打钩标记。

1 市面上的周记录本

- 我用的是 hobonichi 2018 周记录本。

- 这是 hobonichi 2018 周记录本打开后的样子。

- 每周一个版面，左侧是每日待办事项记录，右侧空白的，可以记录一些自己认为重要的事情。

- 我曾经也用过 travels note book 的周记录本，TN 本子的排版方式与 hobonichi 的周记录本很像，版面的左侧被分为 7 栏，记录每日事项，右侧也留出大面积空白，可以自由发挥。

❷ 自己绘制周记录本中的 TO DO LIST 页面

我们可以用普通的本自己绘制周记录的 To Do List 页面，根据每天事情多少的实际情况来调整版面。自己绘制的本子更加灵活，有了更多的变换和新颖版式。

下面我示范一下自己绘制 To Do List 页面的步骤。

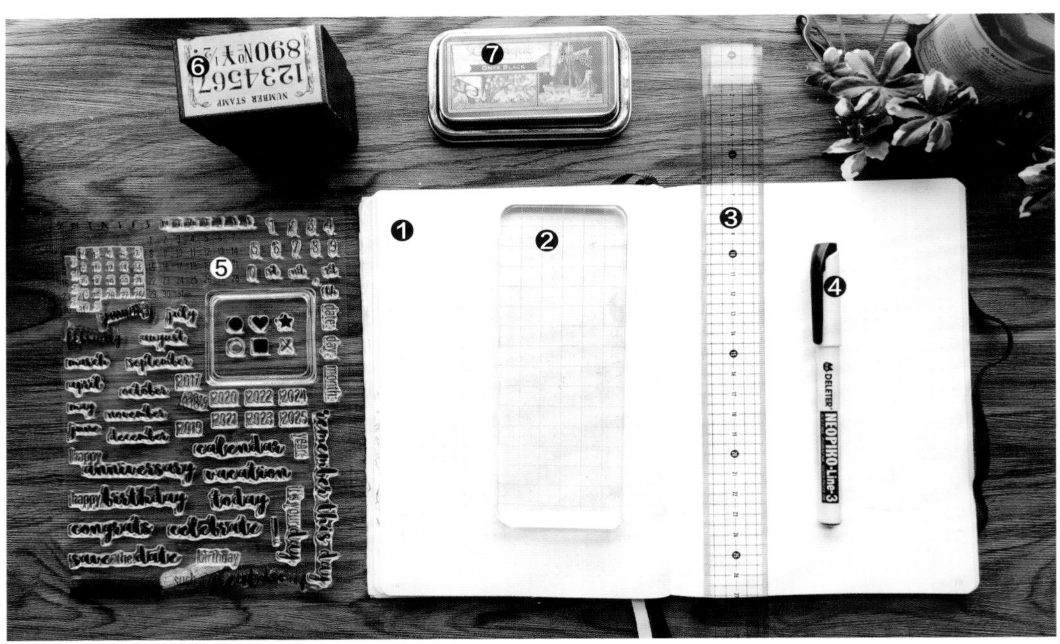

准备工具：❶ A5 本子 ❷亚克力手柄背板 ❸直尺 ❹针管笔 ❺透明橡皮印章 ❻数字印章 ❼印泥

- 首先，打开空白页面。用针管笔和直尺画出一周七天记录内容所需的格子，版式可适当灵活变化。确保每个格子有足够的记录空间。

- 在相应的格子中，用数字印章敲上对应的日期。在版面的左上方，敲上当月的月历，并写上年、月、日。

- 在版面的右下方，画出一个区域，用来记录这周的重要事项，或者是需要特别提醒的内容。在月历上用记号笔标记出当周所处的时间位置。

- 在本子的空白处敲上透明印章作为装饰，我用的是植物系的印章。把印章贴在亚克力板上，然后敲在本子上，花纹的摆放按照自己喜欢的方式处理。

- 在版面左侧的月例旁边适当地装饰，用的还是透明植物印章。

注意：透明印章在使用完毕后要及时贴回塑料板，这样可以保持其黏性，延长使用寿命。

- 我装饰之后的版面是这样的。在印章装饰的区域，擅长画画和写字的同学也可以尝试直接手写、手绘。

- 将每日需要做的事情填入页面中，在完成后，打钩标记或划掉。把需要特别提醒的事件单独记录在右侧版面下方的 this week 栏里面，方便提醒与查找。

注意：也可以用活页纸做周记录，灵活添加和减少纸张，也方便携带。

扫码，观看周记录本中 To Do List 页面手绘制作视频。

日记录本

我的日记录本中主要记录了每日生活中遇到的有趣和值得记录的日常琐事，经常是全篇的流水账或者是碎碎念，不想写字的时候，就满面做拼贴或者手绘。

“不给自己太多的规定限制，不要求每日记录，以享受制作手账的过程为初衷，想写就写，想贴就贴”，这是我一直写日记录的动力吧。

我希望把生活中点滴小事和每日心情记录下来，不为写满或拼好看而做手账。

- 把生活中随意拍下的照片打印出来，贴入本中，在旁边记录照片的内容。这种记录方式既简单，又可以作为很棒的回忆。我喜欢记录一些平时容易被忽视的生活小物，比如可爱的茶杯，本子里的随身便签，等等。

- 发现生活中有趣的纸，也会把它贴入本子里。版面中奶茶色质地粗糙的纸是我喝咖啡时的滤纸，觉得材质很特别，就撕了一小块记入本中。

- 在一日一页的日记录本里，我还会记录下新尝试的好玩的手作成果。版面中是我第一次用凸粉和热风枪制作的圣诞铃铛装饰，把它剪下来，贴入本子里。

- 用拍立得拍下的照片会贴在当日的日记录本中，胶片感的复古照片成为手账本的天然装饰品。

读书手账

我习惯于读纸质书，在书上标记喜欢的内容，同时也喜欢把自己的感受和阅读日期记录在手账中，作为我的知识搜集库。市面上有些品牌的读书笔记可直接购买，比如moleskine的读书笔记，本中列出来了需要记录的各类项目。

也可以根据自己的记录需要和书的种类，自己排版和记录读后的心得体会。

我的读书手账包括周期性的读书总结，每月的读书记录，每年的读书记录，自己所读的书目，等等。

1 市面上的读书手账本

- 图中是 moleskine 的 book journal 读书笔记本。我最早开始写读书手账时就用的这本，适合简单记录所看的书，也适合不擅长自己排版的同学使用。

- 这个本子里，每一个对页可以记录两本书。设计者已经标好了需要记录的信息，如作者、发表时间、书名，等等。版面下方的两块区域分别是摘抄与感想，区域用不同的颜色做区分。这样的排版方式很适合系统的阅读和记录。

2 自己绘制的读书手账：不同的内容有不同的记录

在空白的笔记本上，合理地规划与排版，把想要记录的信息分门别类摆放，然后加以整理。

先规划好将要记录的内容，然后一边记录一边贴图片，不要一股脑儿地把图片贴上，导致文字空间不够。

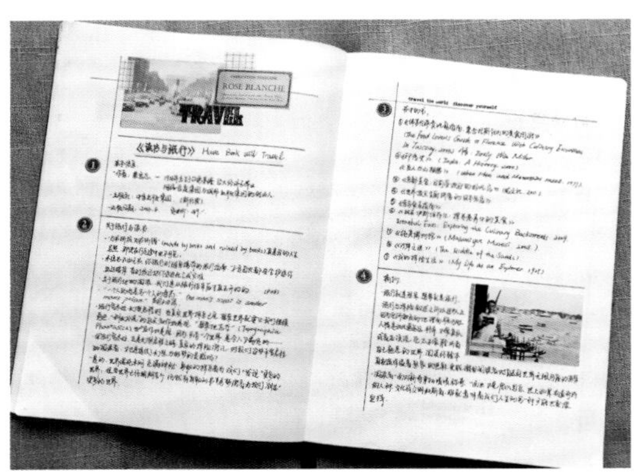

- 版面中的这页读书手账所涉及的基本信息：作者、出版社、出版日期、价格等。
- 在书中感兴趣的知识点和延伸阅读的信息也可以被记录在内，可以更清晰地连接知识，系统化地记忆。

- 在读《梵高手稿》时，我把梵·高的画与手稿打印出来，加入读书手账里。

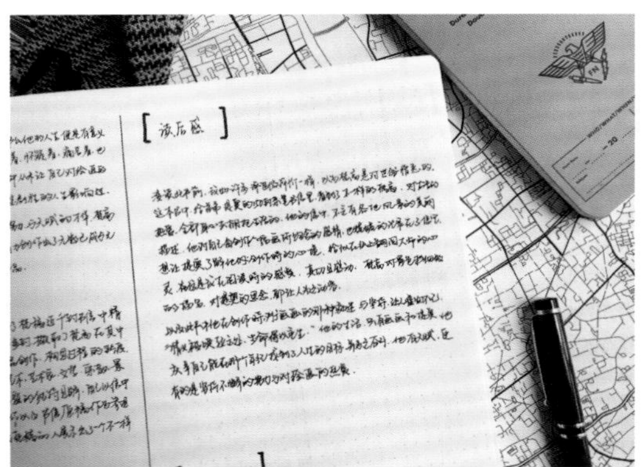

- 当选用的本子较大时，排版可以分成两竖行，这样有利于阅读。
- 在所记内容方面，除了书的现有信息之外，自己读后的心得体会也尤为重要，一般来说，每本书给我的体验都不同，我会尽量写上两句感受，待之后翻阅时能看到不同时期自己对书的理解。

- 如果对某块内容非常感兴趣，也可以在读书笔记的最后，加入相关的阅读的板块，记录与之相关的信息，这对于构建自身阅读体系是非常有帮助的。

3 读书记录总结表

定期地整理书目是我很喜欢做的一件事。这类总结记录手账力求清楚明了，不用过多的装饰页面。

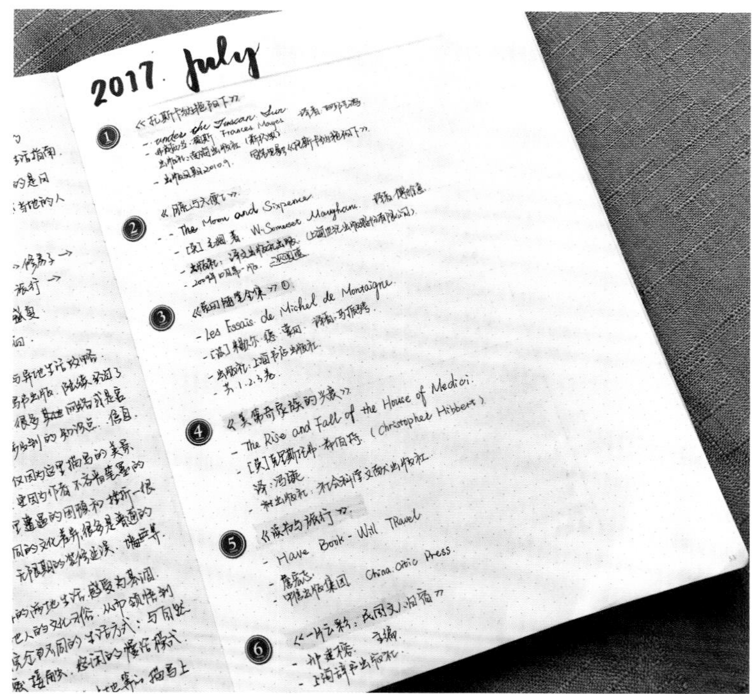

- 版面中是 2017 年 7 月我的阅读书单，当月一共读了 6 本书，与自己排版的读书手账在一个本子中。简单地罗列了书名和作者等基本信息。

- 这页是 2017 年我的年度书单总结，表中清楚地罗列了一整年的书目，每个月的书目和数量也清晰明了。

观影手账

在我的理解中，观影手账记录更多的是感受与情怀。相较于跟谁，在哪里看的信息记录，我更想把自己在电影中的感受记录下来。与读书手账相比，观影手账的功能性稍弱，但是充满了更多有纪念意义的回忆。我在记录观影手账的同时，会着重影片图片的挑选、排版与文字内容的搭配，我希望在若干年后打开我的电影手账时，能看到的不仅仅是回忆，还有漂亮、生动的版面。

1 市面上的电影手账本

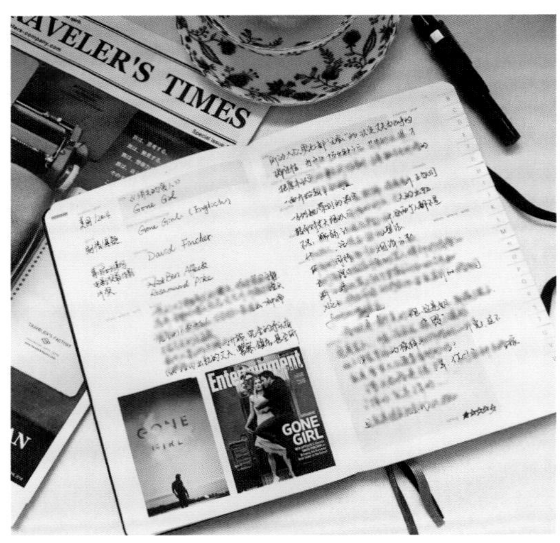

- 图中是 moleskine 的电影手账，已经规划好要记录的信息，一个对页可以记录两部电影。
- 因为我喜欢搭配电影图片的记录，所以我通常都是一部电影占满一个对页，用图片遮盖影响版面的印刷文字信息。

- 去电影院看的电影在做观影手账时，可以留下电影票，将它们贴入本子。
- 这个手账也是用了 moleskine 的电影手账本，观影笔记主记录两块，第一块是电影的基本信息，另一块是自己的观后感想。我一般不会每个片子都写观影笔记，会挑我特别喜欢，特别有启发的电影来写。

2 自己绘制的观影手账排版窍门

我在观影手账中，会大量使用图片。所以图片的选择与摆放的位置，尤为重要。

选择图片时，尽量选择与电影风格色调相似的素材，同时，在拼贴时，注意图片尺寸尽量相同，这样会使版面整洁统一。

- 两个版面中的色调为粉红色，十分复古的感觉。这是我看完电影《布达佩斯大饭店》后的观影手账。记录的文字也尽量与图片对齐，注意适当留白。

- 两个版面是电影《闻香识女人》的观影手账。当有很多片段图片想贴入本子时，可以采取右图中，8 张图整齐排放的模式，打印成统一规格大小的图片，这样贴出的版面看起来整齐不凌乱。
- 左图中放了自己喜欢的电影海报封面图，打印时调整成手账本大小的尺寸，这样排版比较大气平衡。

- 这是电影《步履不停》的观影手账，电影的名字与导演、演员的信息可以与观后感分配在不同的页面中，这样看起来会更加一目了然。
- 适当地使用胶带，如左右两图，用于分割区域和装饰版面，注意胶带的图案不要太复杂，尽量简洁。由于电影图片中已经有足够丰富的色调。在缺少排版灵感时，可以参考自己喜欢的杂志排版。

旅行手账

我会在每次旅行时，准备一个本子，作为旅行手账本。通常是一个本子一个目的地或一次旅行。旅行手账本会选择易随身携带的，途中的夜晚会记录当日的所见所闻，在旅行之后把收集的素材贴进本子里。

1 属于自己的旅行手账

Traveler's Notebook，简称 TN，也是我最常用的旅行手账本。不仅因为它有牛皮质感的复古封皮，还因为它可以随时增加、减少内芯。TN 的内芯有很多不同的种类供选择，一本 TN 本子最多可以放 6 本内芯。

- 我常用的是 TN 护照款和标准款，护照款更适合日常随身携带。

- 在旅行途中，我经常只带一本内芯加封皮，这样更加轻便，不占地方。而且，一本内芯的纸张页数刚好适合一次旅行使用，每个目的地都可以用一本内芯来记录。

2 旅行中，有哪些内容可以被记录

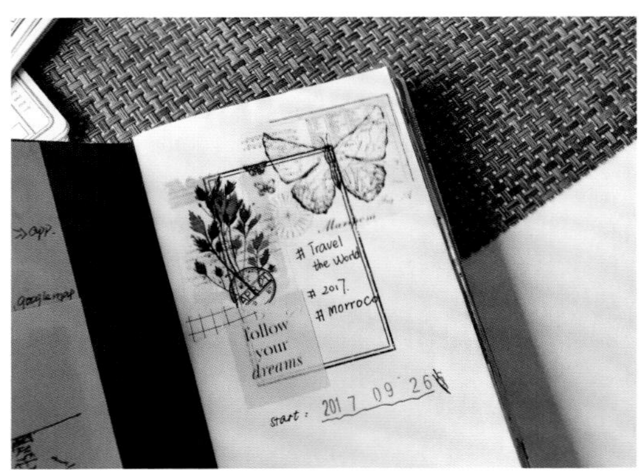

- 这个版面是旅行手账的开篇页，写上旅行的时间、地点，并做了适当的装饰。

- 旅行前，写一份详细的旅行物品清单，按清单进行整理、准备。这样就不容易落下所要带的东西。

- 在旅行前制作攻略时，可以按照一日一页的方式，记录旅行当天的行程安排，注意事项，等等。可以把准备攻略时的地图或者线路图贴在手账中，作为参考。

- 在旅行时，可以把当日游玩的票据，遇到的人的名片，有趣的便利贴等小物贴入本中，作为纪念。

- 这个版面中贴入了机票、车票，把它们当作纪念。如果觉得页面太单调，可做适当的拼贴装饰。

- 也可把要去的著名景点、博物馆的基本信息写在旅行手账中，这样可以在去前做大概的了解，并且在行程中翻阅时，作为提示信息。

- 在参观名胜古迹时收到的宣传册也可以作为纪念小物，贴入本中，并把超过版面尺寸的部分用之前提到的延长页的制作方法（参考 P86）折进本子中。

- 有时候，旅行途中会有不期而遇的小惊喜，比如入住酒店在中秋节时给我们准备的祝福卡、酒店地图都可以贴入本子里，这些有趣的精致小物也是旅行中不可缺少的一部分。

- 在旅行结束后，打印出来的照片，可以直接贴入本子。
- 图中的两幅旅行手账版面是我按照同色调进行排版的，打印照片的纸是高级打印纸，不是相纸，由于相纸较厚，会更易出现爆本的情况。

3 旅行时手账制作工具的收纳小装置

- 图片中是我旅行中放手账制作工具的小包，我会把基础款图案的胶带缠在分装胶带板上，两三板即可。把一些带图案的胶带，以及贴纸贴在离型纸上。这样收纳既不占地方，又增加了可带素材的数量，很适合旅行时使用。
- 我的收纳包是一只手拿包，在旅行时，尽量把所有相关物品收入包中。带 1~2 只笔，一把小剪刀，点点胶，一本小巧的随身草稿本也可把打印的住宿信息单或行程单一起收入此包中。

注意：爱手绘的同学，可以带一些简单的绘画工具在旅行中。旅行中不要带太多的贴纸和胶带在路上，我在旅行中做手账时经常是先简单地把收集的素材贴在本子上，把文字的部分写好，装饰和照片在旅行结束之后，进行后期添加。

做旅行手账时，若遇到本子纸张不够或者想增加内容时，可以自行增加插页和延长页（参考 P85~P86）。

灵感脑洞本

我刚开始写手账时，经常会花很长时间选择素材和规划版式。总会担心不协调或拼坏而迟迟不敢下手。我相信很多同学也跟我当时一样，有这方面的困扰。为此，我准备了一本专门让我“乱贴”的本子，取名叫作“灵感脑洞本”（Art Journal）。

在这个本子里，我大胆地贴我想贴的东西，画我想画的图案，还会用不同的工具进行“测试实验”。

灵感脑洞本是专门记录我创意的手账本。在有新想法产生时，我会用这个本子记录下来，这些想法包括：不同颜色的搭配；蜡笔、水彩笔、彩铅、色粉等绘画工具的混合使用；不同风格的图片拼贴；新玩意儿的尝试，比如凸粉、自刻印章、烫金纸，等等。

灵感脑洞本是给自己一个将灵感付诸行动的天地，在这个过程中不断地发挥自己的想象力与创意。在不经意间，发现不同颜色的和谐搭配，各种风格素材的相互协调。当然，这也是一种乐趣所在。久而久之，自己在排版和拼贴上的创意会更多，也会形成自己的风格。

– 这是我灵感脑洞本中的一页。

1 找一本被打入冷宫的本子，开始拼贴灵感的收集

我的第一本灵感脑洞本是 2016 年 hobonichi 的日记录本。当时我断断续续地写了两周日记，之后本子就被我打入冷宫。在暑假时，我偶然发现这个本子，想把它重新利用起来，于是开始先用拼贴的方式把之前写过的页面慢慢贴掉。

在拼贴的过程中，因为总想着把文字盖住，所以我仅仅是把手边多余的素材填鸭式地堆进页面中，完全没有任何排版和设计。

当我贴完两周的日记后，我发现自己随性贴出的版面与平日精心思考后拼贴的手账相比，并不逊色，于是继续贴了下去，直到爆本。

- 图中是我第一个灵感脑洞本子贴后爆本的样子，我在外边加了牛皮封皮，好好收藏起来。

- 这个版面是我第一本灵感脑洞本中自己非常喜欢的一组拼贴。

2 在灵感脑洞本上做些有趣的尝试

其实不需要特别准备本子，任何本子都能成为自己的灵感脑洞本。不管是拼贴得好看还是难看，都记录在本子中，每每翻看，总能感受到自己在拼贴和制作手账方面的进步。

大胆地在本子上做实验，有时会得到意想不到的惊喜。比如，用水彩笔涂色，故意滴上水，让颜料自然晕开。又比如，用不同绘画效果的笔，共同完成一朵奇异的花。

- 在这个版面中我用蓝色和绿色的水彩笔随意画出花朵和树叶图案，并添加少许水晕染在图案上。
- 遇水化开的水迹是我这次尝试中美丽的发现，两种颜色相互晕染交错。因为加水不多，所以部分花朵和树叶的轮廓还保持着原样。
- 我喜欢这个版面中半融化的状态，放在拼贴里，会有一种淡淡的朦胧感。

- 在灵感脑洞本上我经常会用不同的笔画一些千奇百怪的植物。
- 版面中的花朵图案是我用了中性笔、水彩颜料和蜡笔这三种材料绘制的。用水彩颜料打底，用中性水笔勾勒线条，然后用蜡笔做重点和细节的装饰，这种组合新颖独特，也是我之后非常喜欢用的绘画模式。

3 在灵感脑洞本中尝试搭配新颖的颜色

想在平时的手账拼贴中成功运用各种颜色的搭配，我们可以先在灵感脑洞本中尝试。很多颜色仅靠想象是无法知道是否搭配好看的，只有画出来或贴出来的时候，才会真实地感受到是否和谐。

每个人都会有自己偏爱的用色，有些属于你的用色可能还未被发现，所以在灵感脑洞本中你可以不断尝试，大胆地用色，发现自己的颜色和风格。

- 版面中的墨绿色与橙色是我无意间发现的配色，在之后的拼贴中，我经常使用绿色、橙色搭配。

- 版面中的玫红色与天蓝色这两种颜色的饱和度很高，搭配起来太强烈，不是我喜欢的风格，所以在这样的尝试后，我的拼贴中很少会用到这两种颜色的组合，这也是我找到个人风格的一次尝试。

4 在灵感脑洞本中，不仅能拼贴，还能练字

我很喜欢在手账中写不同字体的英文字，但常常怕写得不好，而迟迟不敢落笔。

所以我把练字，学习新字体的练习也放入了灵感脑洞本中，时常打开本子写一两个单词。有时是先铺背景再写字，有时候会先写字再添加背景图片。

- 版面中是我先涂满淡蓝色和淡粉色之后，再在页面上练字，字写得比较随性，大小不一，为的是填满本子。

- 这个版面是我先写了绿色的英文字后，觉得版面太空，后涂上粉色的水彩。可以看出，在字的周围，有些许的空白缝隙和不小心碰到字母时晕染的效果。

Section 05

增色技能

- 很多时候，除了将买的贴纸、胶带、印章放进手账中，我们还会在手账里画上小插画或将自己 DIY 后的小物放进本中。比如印上自己刻的印章，画出旅行时吃过的美味小吃，又或者是烫上复古的火漆印章，等等……
- 这些属于自己的小技能，可以丰富手账，可以增添记录时的乐趣，还是体现自己手账风格的最好表达方式。
- 我入手账坑的这三年，学会了画简单的水彩，学会了刻橡皮印章，也学会了用火漆来封缄书信与礼物，所以这些小技能并不是高不可攀。

绘制简单的水彩小插画

刚入手账坑时，因为想在手账中画喜欢的画，所以开始学习水彩。我在本子上画得最多的是植物中的花草与树叶。

我有一本水彩手账本，它记下了我在不同时期画下的花花草草。在练习的时候，我会把画植物的方法，调色种类与过程也记录下来。这样，关于水彩方法的笔记和作品可以同时放在一个本子中，方便日后的学习与保存。

- 这是我在水彩手账练习本中画的花朵和果实。

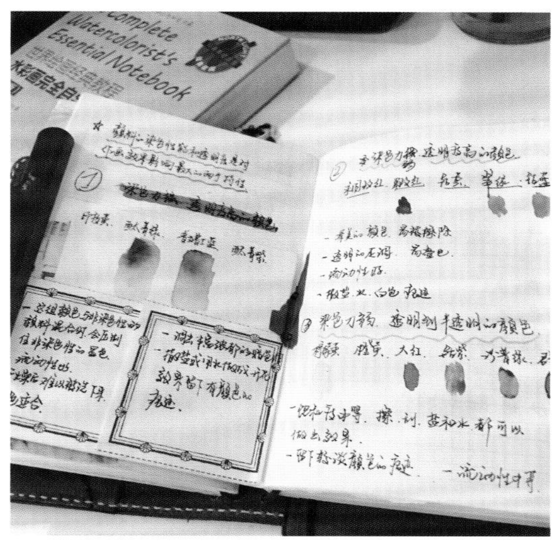

- 这页里记录了我总结的画水彩的方法与要点。

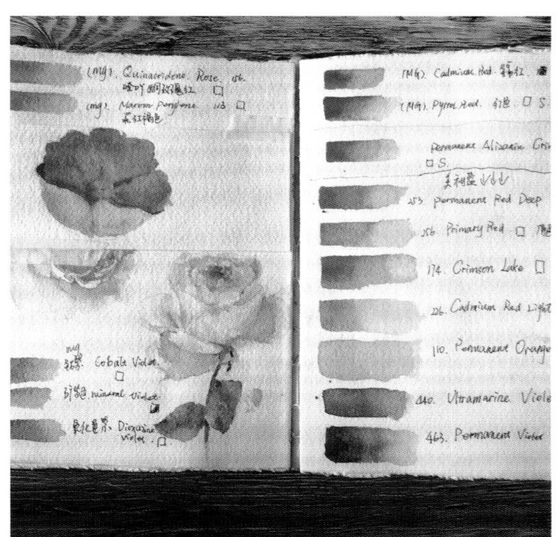

- 练习画某个植物时，记录下颜色的搭配。

- 这个版面中我记录下了混色的过程和喜爱的颜色。

1 水彩纸和水彩本的选择

水彩纸

材质

● 分类——木浆纸和棉浆纸。

● 特性——木浆纸的吸水性差，不易晕染，在画的时候易留下水痕，但其显色鲜艳，纸张平滑，且性价比高。

棉浆纸是由 100% 纯棉制成，所以价格比木浆纸贵很多，棉浆纸的吸水性非常好。

● 适用——木浆纸适合画一些淡雅或小清新的插画。比如旅行手账中记录下的食物、小幅风景或者小插画。

棉浆纸适合晕染和混色，但是纸质较粗糙且泛黄，颗粒感重，一般适合画大幅的风景人物画，等等。

纹理

● 分类——细纹、中粗纹、粗纹三种。

● 适用——细纹可画花卉植物，中粗纹和粗纹可画风景。

克数

● 定义——这里的克数是指水彩纸的厚度，纸张厚度是由面积一平方米的纸张克重表示，克数越大，纸张越厚，越不容易起皱。

● 分类——185g、300g、640g（这里照法国纸品品牌阿诗（Arches）的克重分类划分，不同牌子也有不同的克数种类）

◎ 我的推荐

我平时最常用的是阿诗牌300g 的细纹或中粗纹的棉浆纸，这个克数的纸能承受一定量的水分，经得起修改、擦拭，不容易破损。

- 图中是我用木浆纸画出的花朵。

- 图中是我用棉浆纸画出的花朵。

水彩本

由于厚度与纹理的不同，市面上大部分适合画水彩的手账本，使用的是木浆纸，绵浆纸的本子更偏向用于专业的水彩绘画时使用。

◎ 我的推荐

我较常使用的是 Moleskine 水彩本（经常作为脑洞灵感本使用），以及 TN 的一款绘图纸内芯（可绘小插画）。木浆纸的本子优点在于不仅适用于水彩画，还可以在上面写字记录。

当我不记手账只画水彩时，我会用专业的棉浆纸水彩本。常用的是法国阿诗的 300g 中粗纹线圈本、日本的 Muse 灯火（Lamplight）300g 线圈本。在这两个本子上画的水彩，偏写实，晕染效果也很好。但是因为纸质厚且粗糙，不易写字。而且棉质水彩本价格较贵，不适合作为手账本使用。

- 版面中是用 A4 大小的 Moleskine 记录的。

- 这个版面是用 TN 绘图纸内芯画的。

- 这是用 300g 的日本灯火线圈本画的，适合湿画法，干燥非常慢。

- 这幅画用了阿诗 300g，中粗纹，B5 的线圈本。

❷ 属于自己的水彩画

两年前我因为手账才开始接触画画，没有进行过专业、系统的学习。以下的绘画方法是我在画水彩的过程中慢慢总结出来的，适用于业余爱好者。我相信有很多在手账坑里的朋友，希望自己能在本子上画画，却因为顾虑没有专业学习过而迟迟不敢尝试。我把画水彩的方法分享给大家，是想告诉更多人，谁都可以画，所以赶紧拿出手边的本子，跟着我一起画吧。

准备工具：

❶ 法国阿诗牌，16 开，300g，中粗纹水彩纸

❷ 德国达·芬奇（Da Vinci）V35 貂毛水彩画笔：000 号、3 号、6 号；达·芬奇 artissimo 系列 428 号

❸ 铅笔

❹ 所画水彩需要的素材

❺ 法国申内利尔（Sennelier）固体水彩 24 色

❻ 洗笔水杯

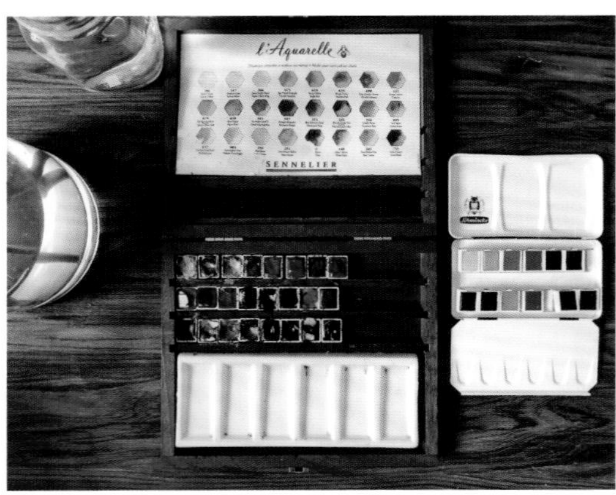

- 图中是大小两盒颜料盘。左侧的是申内利尔的 24 色固体水彩木盒装，适合在室内使用。右侧的是史明克学院级 12 色半块固体水彩铁盒装，适合旅行外带用。

- 在旅行中需要画画时，我会带图中的这两个搭配。使用固体水彩较方便，易收纳。可以在铁盒内的白色铁片上调色。图中是荷尔拜因（Holbein）的储水毛笔，容易随身携带，体积小，有笔盖，水不容易漏出，使用起来很方便。

画一幅水彩画的具体步骤——一片秋天的落叶

秋天的落叶，如果无法保存在手账中那就把它画进本子里吧，现在我分享的是秋天落叶的绘画过程，简单易学，大家学习之后可以尝试画在手账中。

- 在画纸上，用铅笔先勾勒出落叶的形状，叶片上的主要叶脉也要画出来，方便稍后上色。

注意： 尽量少在棉浆纸上擦橡皮，摩擦会破坏纸的性能。最好能在一般的白纸上打完草稿，画出形状，然后用拷贝台拷贝到水彩纸上。如果没有绘画基础，可以拍照打印出图片，然后再用拷贝台拷贝到水彩纸上。

- 勾勒完形状后，用达 · 芬奇 V35 的 6 号笔蘸满清水，在叶片内铺上薄薄的一层水。

- 用带水的 6 号笔，分别蘸取印度黄色与法国朱红色两种颜色，放在调色格子内（图 3 的调色格子中，左为印度黄色，右为法国朱红色），调出饱和度较高的颜色，并在叶片上上色，只上色一小部分。

- 用笔蘸取清水慢慢晕染，观察纸表面的水，在没有明显水滴，且侧看有淡淡反光后，从叶子边缘开始，再加入适量的印度黄色。在靠近主叶脉的地方，换成朱红色，并修饰后使两种颜色相融合。

注意： 尽量让颜色自己随着水的流动去混合，不要用笔频繁地在纸面上干扰，它们融合出的边界，会更加自然。

- 在叶子表面的水未干之前，交替着加入印度黄色与法国朱红色，越靠近叶子底部与主叶脉的区域，颜色越深，且偏红。

注意：在蘸颜料的过程中，颜料中的水分始终要小于纸面上的水，如果笔尖上的水太多，画面上的颜料会调得太稀，容易出现水痕。

在添加颜色的时候，如果发现漏画的地方，水已经干掉，那么再少量铺一层水。清水尽量不要与已有颜色的边缘相接触，会形成水痕。

- 趁着画湿，在叶子的经脉交汇处以及叶子下方，用达·芬奇 V35 3 号笔加入少量的生赭色，增加立体感。
- 因为纸面还潮湿，所以添加的生赭色颜料中的水分要比纸上的水分少，这样颜色才会融进去。
- 第一层铺色结束后，等着纸面全干后进行第二层铺色。一般来说，若是想要快速干透，可拿吹风机用弱风档吹干。

注意：整张纸一定要干透才能进行 2 次铺色。

- 用 3 号笔进行第二层的上色时，主要是在底色上添加更深的颜色来刻画细节，使叶子的颜色看起来更加丰富。同时注意明暗的处理，让叶子更立体。
- 蘸取适量的生赭色与少量的焦茶红色，画出叶子的经脉和叶子的暗处。

注意：线条要随意一些，颜色的边缘用少量的清水晕开。

- 因为落叶已枯萎，表面是斑驳的，所以在画完脉络与暗影之后，改用达·芬奇 00 号笔，画更细致的纹理。蘸取一点暖褐色，用点触的方法，画出叶子枯萎的感觉，用很少的褐色点在纸张未干的地方，使其与之前的颜色自然融合；也点在已干的地方，加点水稍微晕染，产生的水迹会有斑驳的感觉。用深的暖褐色画出叶片上已经腐蚀的地方，用水把边缘晕开，加深层次。

这样一片落叶就完成了。整个过程采用的是干湿结合的画法，用到的水不多。所以，可以画在纸张克数大的手账本上，如 TN 的绘图本。也可以画在明信片上或专门的水彩本中。过程中最难控制的就是水分的量。

注意：我的经验是，第一层用水最多，之后慢慢递减。第一层干透后，才能画第二层，因为湿纸中再加颜色，会显得脏。

用一把刻刀刻出橡皮印章

2017 年的年底，我在买了大量的印章之后，终于动了想要自己学着刻橡皮章的念头。原因很简单，我想刻属于自己风格的章。

从我最爱的花草入手，我看了不少介绍刻章的书和视频，买了各种各样的刻刀与橡皮章，研究和练习了几个月后，终于慢慢地刻上手。

这次的分享我没有按照非常严格的橡皮章雕刻步骤，纯粹是我在自己刻着玩的过程中总结的简单和实用的方法，只需一把刀，就能刻完一个橡皮章。

- 这是我阴刻出的花卉。

- 这是我阳刻出的花卉。

准备工具

❶ 硫酸纸

❷ 圆形木质橡皮章底座

❸ 洗甲水

❹ 橡皮印章

❺ 画出、打印出有所刻图案的纸

❻ 剪刀

❼ 日本 Esion 橡皮章雕刻刀（角刀，单边长 1.5mm）

刻一个橡皮章的步骤——手绘感的叶子

- 先准备一块空白的橡皮印章，用清水洗净擦干。把想刻的图案打印出来，我这次选择了树叶图案，图片要比橡皮章小。
- 再准备一瓶洗甲水，用于转印。

- 把印有叶子图案的纸片，图案朝向橡皮章盖起来，并在纸上倒入适量的洗甲水，使整个纸片被浸湿。

注意： 这个过程中要小心，尽量不要移动纸片。

- 在浸湿的纸片上盖一层硫酸纸，并用硬币、卡片或指甲在硫酸纸上刮擦。
- 在这里，硫酸纸的作用，一是为了减慢洗甲水挥发的速度，二是为了在刮擦中保护下面的纸不被刮破。

注意： 不要重复刮太多遍，最好是一个方向刮擦一两遍即可，保证每个地方都能刮到。

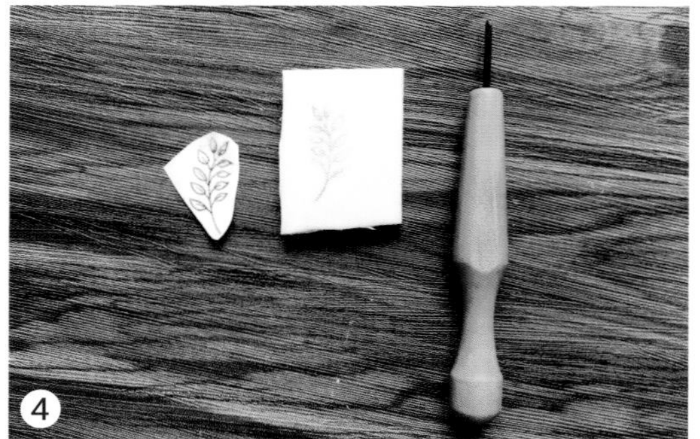

- 慢慢揭开纸，看看是否全部图形都转印到橡皮印章上了。

注意： 因为橡皮印章的种类不同，洗甲水的种类也不同，所以转印的效果有时浓，有时淡。如果遇到较浅的情况，可以用笔稍稍描浓一些。

一般来说，激光打印的图片素材效果会比喷墨打印的效果好，喷墨图印在橡皮印章上，容易花。

- 接下来使用角刀雕刻橡皮印章。
- 角刀是橡皮章雕刻刀中的一种，它的刀口呈 30 度锐角，看起来像 V。它的锋面在左右两侧，下刀口是 V 字的中心点，下刀力度越大，刻得越深，线条越粗，反则浅而细。它主要是用来雕刻细节的。

- 通常，我只用一把角刀就刻完整个橡皮章。先从树叶底部的外边缘下刀，刀锋的一侧紧贴线条，按照线条的轨迹移动。因为是阳刻，所以要尽量保持黑色线条不被破坏。刀锋移动时，离线条的交接处越近，下刀的力度越小。

注意： 在比较窄的夹角处，因为雕刻面积小，所以尽量从夹角处开始落刀，这样可以保证夹角处的线条完整。

- 雕刻的顺序是先刻树叶最外围，再刻每片树叶间的缝隙，最后刻叶片中的空白。
- 因为树叶的图案较小，在下刀时，尽量轻，而且下刀的角度稍稍上仰，这样线条会比较细。

- 把叶子整体线条凸显出来后，用剪刀剪去多余部分的橡皮印章，然后继续用角刀把树叶最外围的空白区域削掉。这样，树叶的形状就凸显出来了。

注意： 初步刻完后，可以拿印泥印在橡皮章上，看看线条是否清晰。检查是否还有遗忘或没刻到的地方，再做修正。

- 用印章蘸取印泥试印在白纸上，看看效果。我喜欢线条有粗有细，有手绘感的图案，所以在刻的时候会特别将线条处理成粗细不同，自然生动的感觉。

- 把橡皮章粘贴在圆形木质橡皮章底座上，这样，一枚自己雕刻的树叶章就完成啦。
- 把它印在手账本里，印在卡片上，效果都会不错哦。

用火漆封缄书信和装饰手账

因为喜欢复古的元素，所以不可避免地认识了火漆印章，火漆印章天生就带着一种年代感，像是从历史中走来的一样，几乎成了复古手账中的代表。我会在将平日里，在收集树叶、丝带、花瓣以及粘贴卡片时，用到火漆。在包装礼物时，我也会用火漆来固定装饰物。火漆的颜色非常多，我最喜欢的是复古的古铜金色与红色。

- 用火漆将收集的落叶固定在手账本里。

- 这是圣诞节准备送朋友的礼物，我用红色的火漆搭配了圣诞果，同时固定了树枝的位置，也装饰了盒子。

- 火漆也可以作为装饰，出现在我的手账页面中。

- 把火漆印章装在用完的香薰蜡杯子中，又好看又便于取用。

用火漆印章为时间留下印迹

历史上火漆最开始的作用是用来封缄书信的。

很多人喜欢火漆，但又觉得使用麻烦，所以不敢尝试。其实火漆用起来很方便，经现代工艺改良后，出现了各种形状的火漆封蜡：有条状、块状，还有配合气枪使用的。

准备工具 ❶ 明火蜡烛 ❷ 火漆印章若干只 ❸ 火漆封蜡 3 条 ❹ 封蜡溶化专用勺子一只 ❺ 剪刀 ❻ 信封 ❼ 丝带

使用火漆印章的步骤——封缄书信

1

- 将写完的信装入蓝色信封之后，我用蓝色丝带在信封上交叉打结。将打结的位置落在信封的三角形开口处。

注意：这里的丝带也可用细线或细麻绳代替。我比较喜欢用丝带来包装信封。

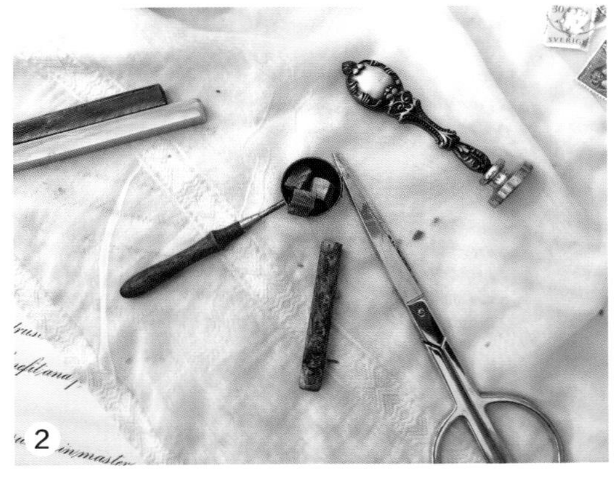

2

- 选择与信封、丝带颜色相配的封蜡。我选的是深褐色带一点金色的那支。然后用剪刀把封蜡剪成小块放入封蜡专用勺子里。
- 勺子里放入蜡的多少会影响火漆印章章面大小。章面越大，需放入的火漆封蜡越多。

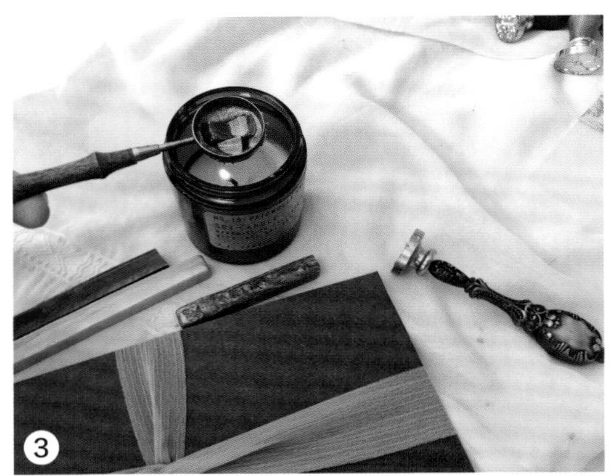

3

- 之后，将勺子靠近蜡烛上方，慢慢使封蜡熔化。
- 在这个过程中，封蜡会溶化不均而结块，这时，我会用剪后剩余的条状封蜡搅拌勺中的蜡，使其均匀熔化。

4

- 当勺子内的蜡均匀熔化后，移到信封口上方，慢慢地把蜡倒在封口与丝带结的交接处。

注意：倒的时候要慢，把蜡尽量地分散在丝带结的周围。

5

- 把选好的火漆印章按在还没凝固的封蜡上，然后静置。等到蜡重新凝固之后拿起。

6

- 这是火漆拿掉后印章显示出来的样子。因为丝带结的不平整，蜡的形状不是很圆，但是这样嵌入丝带的感觉反而非常精致、好看。

7

- 最后，把竖向的那端丝带剪短，做成小蝴蝶结的样子。然后贴上装饰邮票。在信封的正面插入写有收信人名字的小卡片，这封带着火漆印章的书信封缄就完成啦。

8

- 这是火漆特写的效果。

不论是本子、胶带，抑或是一枚小夹子、一张小素材……这些小物，都是我的人间烟火，小而明媚，充盈在我的书桌和柜子间，弥漫在我的房间里。生命炎热翳闷，幸好还有偶然的恍惚时光。

Chapter 3

手账与生活

- 手账物品收纳
- 生活中的“手账态度”

Section 01
手账物品收纳

从我入手账坑到现在的三年时间里，最令我头疼的事情是手账文具的收纳。本子、胶带、印章、打印的素材、小的贴纸、几枚夹子……这些物品，小而零碎，逐渐地堆满了我的书桌、柜子和整个房间。

因为无法控制的买买买，所以我需要更有条理地收纳手账的各种周边物品，整理房间。

–2018 年春天，我的书桌和桌上的收纳。

手账素材和文具的收纳

把素材和文具有条理地整理归类是手账收纳中必不可少的。因为喜爱，在平日生活中，我们总会不断地购买与收集各种零碎的手账周边物品，这些物品如果不好好整理，不仅占空间，还让房间凌乱。与此同时我们在做手账时，由于素材和工具非常多，好的收纳，能帮我们快速找到要用的东西，节约时间。

经验告诉我，好的收纳方式要满足以下三个条件：**能够节约空间；方便物品的寻找与使用；经济环保，不用购买太多的收纳装置。**

本子、胶带、贴纸、印章、笔、墨水、颜料、剪贴工具，等等，没有一种是容易收拾的，在下文中，我总结了一些自己在收纳过程中的心得和实用方法，希望可以帮助大家解决一部分收纳难题。

1 最重要的收纳——手账图片素材的收纳

在前面的章节中，我与大家分享了我收集的各种手账素材，有自己打印的、有报纸和杂志中剪下的，也有平时日常收集的。这些素材的收纳一度让我劳心费神。因为我收集的素材种类很多，大大小小、各种材质、千奇百怪。所以如果不好好地分类整理，很多好的素材，会被遗忘，就算被想起也要花费大把时间找素材。

所以，我尝试了各种方法，对比了很多种收纳袋的优缺点后结合自己的需求，总结了一套收纳整理方法，在这里分享给大家。

- 我收集的中国风素材。

用常见的活页文件夹收纳纸质素材

我用来收纳素材的活页快捞夹，是最常用的一种，有两个孔，可加入保护袋、插页等内页。一本活页夹，可以放大概 20 页内页，能满足大部分人的素材收纳需求。以下是我常用的两种活页夹收纳素材方法。

方法一：在活页文件夹内加入钱币册或集邮册内页，按照图片的风格、颜色、图案进行归类

我有很多素材是从网上下载后打印的图片或图案。这些大大小小的纸质素材如果仅仅是叠在一起存放，放入袋中收纳，使用时便很难快速找到自己中意的图案。所以我把这些素材平铺在一页中展示，而集邮册和钱币册非常适合这种收纳方式。

标准的 9 孔集邮册或钱币册内页有很多款不同格子可以选，适合不同大小的图片。它们的插口处比较紧，图片放在里面不易掉出来（相比之下，明信片、相片收纳册比较滑、纸张图片很容易掉落）。同时，因为插口较浅，纸张往往有一部分露在外面，很容易抽取。除此之外，我还会把图片部分重叠，这样一页能收纳非常多的图片素材。

当按照风格、颜色、图案归类收纳后更方便找到合适的图，节省大量时间。

- 图中是我按同一风格的图片归类收纳在活页夹中的一页。

- 图中是我按相同颜色归类收纳在活页夹中的一页。

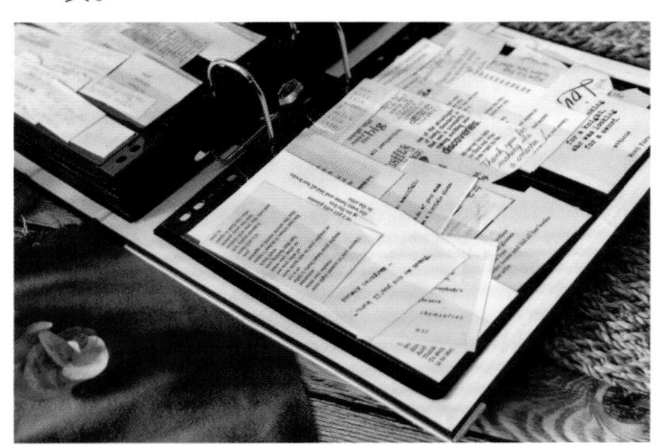

- 图中的活页夹中的这页是我收集的词句图。

- 遇到喜欢的邮票，我也会将它们收集成册。

方法二：在活页文件夹内页加入文件袋

因为此类文件夹一般非常厚，所以我在大小不一的文件袋底部用打孔器打了两个孔，把袋子加入活页文件夹中。每个袋子里放一类素材。很多小而零散的素材放进小袋子里；大的素材放在大袋子里。可根据自己的需要，添加或减少袋子。

- 图中蓝色的袋子里装着各种数字和标签的素材。

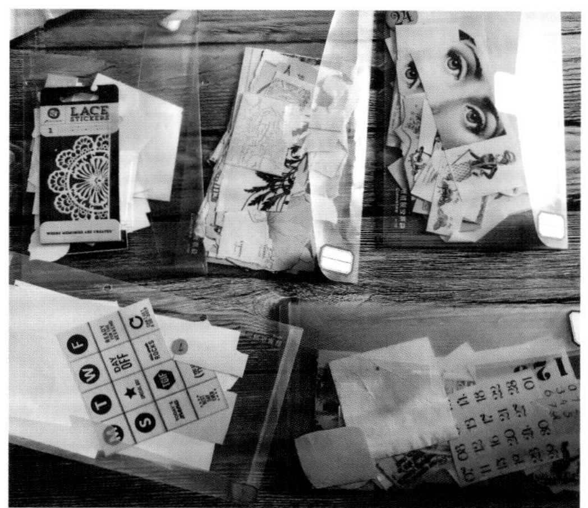

- 图中的每个文件袋都是独立的，可增可减。

◎ 方法比较

	收纳素材特点	适用收纳	优点	缺点
活页夹加集邮册和钱币册	完整的图片素材	日常照片、杂志、报纸上的完整图片、打印出的图片	1. 找素材时直观、方便 2. 用素材时便于取用	不方便随身携带
活页夹加文件袋	不完整或超大张的纸质素材	1. 小袋子：素材“边角料” 2. 大袋子：打印后的大素材，杂志上撕下的完整页面	1. 明确分类、方便整理 2. 方便随身携带	因为不是平铺展示，找素材时较费时

注： 在平时收纳素材时，我们可以把上面两种方法结合使用。在素材不多的情况下，可在一本活页夹中，同时放入钱币册、集邮册和文件袋，满足不同素材的收纳。

用风琴文件夹收纳素材

当打印的素材或者收集的纸品较多时，除了用上文中说过的活页夹加文件袋的方式，我还会用风琴文件夹做这类素材的收纳。

风琴夹的优点在于，格子多，便于分类。我一般在文件夹中放不同材质打印出的素材，每种材质的素材放一格。有时我会一次性多打印一些素材，但不会立马把所有素材都剪出来（千万不要一口气剪太多素材，素材越小，越零散，越难收纳）。这些完整的 A4 尺寸素材，我会分类放入风琴包中，在用的时候取出来。

我还会把完整的报纸、特别的纸品素材，也放在风琴包里。

- 图中是我现在常用的两款风琴包。

- 我会在每层贴上标签，方便查找。

- 图中是竖款风琴夹装满素材后的样子。

- 图中的横款风琴夹中，我收集了完整的报纸、杂志素材。

2 买买买之后的收纳——胶带、本子、印章、贴纸

刚入坑时，我买的胶带、印章较少，我会准备一些木质小盒子或铁质小盘子用来收纳它们。多格的木盒，很适合放已经剪好的素材，顺便将它们分类，这样在做手账时，能够方便、快速地找到想要的素材。当收纳的物品较少时，我会把它们全部放在桌面上，这样方便随时做手账，这种看得见的收纳方式，不仅实用，更成为家居生活中的装饰品。

- 我会把常用的胶带放在这种有设计感的透明盘子里，摆在书桌上。

- 这个木质的小格子我用它存放印章，不同形状和大小的印章放在不同的格子里。

- 图中各种各样的小木盒，被我用来存放胶带、贴纸和印章。

- 我会将剪下的各类素材也放在木格盒中，非常实用。

胶带的收纳

◎ 日常收纳

我的胶带是用 A4 大小的文件收纳盒收纳。这是目前为止，我觉得最方便、实用的收纳方式。

首先我会把胶带分类，按图案大致分为：拉条、票据、植物、文字、数字、单一图案，等等，每一类装入一个文件盒中。

如果某一类买得太多，装不下，就再用一盒装。在每个盒子上，贴上标签，写上胶带种类，便于区分。这种文件盒，每一个都是独立的，所以可按自己的需要数量购买。在书桌上摆放时，也可以随意组合，非常灵活方便。在盒子里收纳胶带时，可以竖着放，节约空间，盒子的高度对于大部分的胶带都适用。如果碰到米数长的，可以如下图所示，“躺”着摆放。

–“躺在”盒子里的胶带们。

◎ “宠爱款”收纳

在某段时期我最常用的几卷胶带，我会单独放在一个小盒子中。做手账时，我会首先选择盒子里的胶带。

遇到更喜欢或使用更频繁的胶带，我会一直将它们留在盒中，然后从中替换出来已不太使用的几款。这种类似“新陈代谢”的方式，会让我在选择使用胶带时，节省不少时间。

- 图中是我挑选的几卷秋天颜色的胶带，把它们放在木盒里，开始做秋天的手账。

印章的收纳

◎ 木质印章

我用无印良品的透明亚克力化妆品收纳盒收纳木质印章。共有两个，上面是三层盒，下面是五层盒。

这两个透明盒装下了我所有的木质印章。我也把盒子放在桌面上，在写手账时，可以较容易拿取。盒子的高度非常适合放印章。因为是透明的，所以选择的时候也大致知道每层是哪些印章。外观非常干净整洁，一目了然。也可以在每层中给印章做大致的分类，这样更便于寻找。当收纳盒有多余的空间时，我会把与印章相关的小物也放入盒中，例如亚克力手柄背板、小印台，等等。

- 图中，透明收纳盒中的这一层我收纳了好多植物的印章。

◎ 透明橡皮印章

透明橡皮印章比木质印章更难收纳。由于每版橡皮印章的尺寸都不一样，大小各异，很难统一收集；橡皮印章的黏性质量参差不齐，有些使用 2~3 次就失去黏性。如果不能妥善保管，会大大缩短其使用寿命。

我试过很多方式收纳橡皮印章，这里推荐两种方式，它们让橡皮印章的收纳和使用变得很方便。

下面左图中是用无印良品的明信片和相片收纳册收纳透明橡皮印章，我用的是 20 页一本的。因为橡皮印章本身有一定厚度，20 页塞满后就差不多爆本，再多的页数是浪费的。这款收纳本一页可装 2~4 版橡皮印章，基本上可以收纳市面上大部分橡皮印章的尺寸。收纳后像翻相册一样可以轻松翻阅印章。我做手账使用橡皮印章时，很容易找到自己需要的那款。在使用完成后，把它擦拭干净，再装入袋中。这样的收纳不仅整齐有条理，而且能延长其使用寿命。当部分印章渐渐失去黏性时，把它们单独收进一面册子里，也可便于保存。

下面右图是用无印良品的双孔文件夹也收纳橡皮印章。我用的文件夹是 B5 大小。这款收纳工具适合新购买的，使用次数较少的橡皮印章。我会在每版透明印章上用打孔器打两个孔，把印章一版版地加入文件夹。使用时，翻阅挑选合适的印章，用完后擦拭干净重新贴入板子，合上文件夹后也方便收纳。

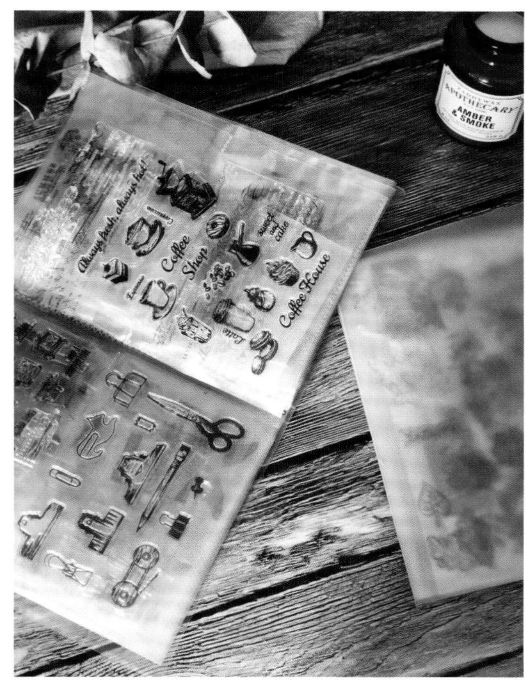

- 图中是无印良品的明信片和相片收纳册。

- 图中是无印良品的双孔文件夹。

本子的收纳

◎ 常用的本子

对于经常使用的本子，我会放在最容易拿取的位置，通常是书桌和书桌旁的手推车里。

我把“本子和内芯一体”的这类本子放在书桌的架子上，平时做手账时，一抬手就能拿到。

“带本皮”的本子，我会把它们放在一个木盒里，然后放入手推车中。因为在做手账时我会把手推车放在手边，所以也是很方便拿取。同时，因为皮面的本子比较“娇贵”，把它们放在手推车里，不容易被弄脏或出现划痕。

- 图中是我放在书桌上的本子和内芯。

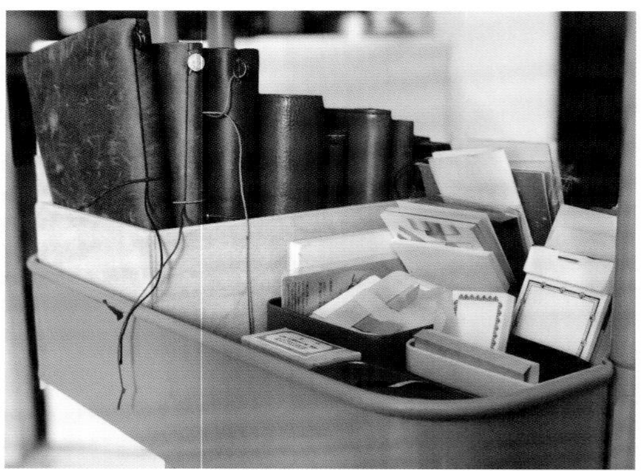

- 放在手推车里的盒子中我收纳了皮面的本子。

◎ 不常用、崭新、已用完的本子

对于不常用、崭新、已用完的本子，我会直接放在房间的柜子里，避免沾灰。

- 图中是我放在柜子里的本子们。

笔的收纳

我习惯把笔放进各种笔筒里。常使用的钢笔、铅笔、中性笔，以及水彩用笔会放置在桌面的架子上。

手推车上放的是各种颜色的水彩笔、软头笔、记号笔，等等，相较于桌面上的收纳，手推车中的使用频率较少。

- 我放置在桌面上，收纳各种笔的笔筒。

- 我在手推车最上层收纳的各类笔。

墨水的收纳

我常用的墨水会被放置在桌面的置物架上。我通常会放上常用的黑色和棕色墨水。当钢笔没墨时，可以直接从桌上取用。不常用的墨水，我会放在另一个抽屉里，避免沾灰或打碎。

- 我书桌上收纳的墨水。

- 我放在抽屉中收纳的墨水。

便签纸和便利贴的收纳

便签本与便利贴被我收集在两个带花纹的铁盒子里，一盒是便签本，一盒是便利贴。

这两个盒子，我放在手推车的第二层中，当需要用的时候，方便拿取。

- 我收纳的便签本和便利贴。

- 我将便签本和便利贴放在手推车的第二层中收纳。

贴纸的收纳

我会用竖款的风琴包收集较大的，并未使用过的贴纸。在风琴包中贴上标签分类，找贴纸的时候很方便。对于零散的贴纸，我会用较小且透明的收纳袋收纳，也方便寻找，除此之外，我还会用卡包收纳尺寸合适的贴纸。

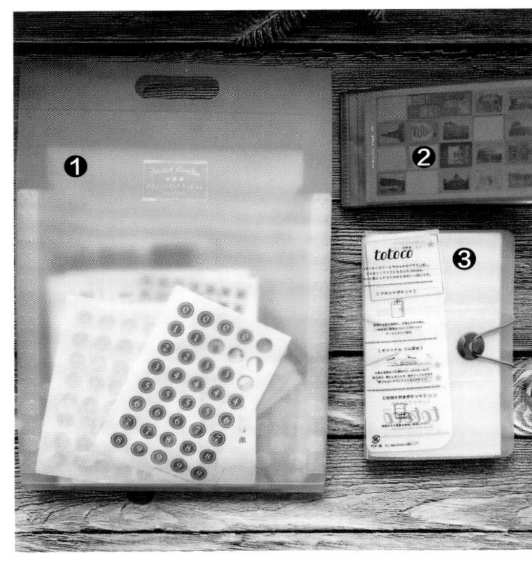

❶ 竖款风琴包　❷ 透明收纳袋
❸ 透明卡包

- 图中的透明卡包中我会把各种图形的小贴纸做大致分类后放入其中。

- 我会用这款蓝色长条的收纳袋装还未拆分和成包的贴纸。

自己整理的手账小天地

作为一个要买买买又要整齐干净的手账人，仅仅整理好手账的文具和素材是远远不够的，我还希望将它们合理地放在自己的房间中，使房间看起来温馨整洁，又有条理性。

我是一个东西多到懒得搬家的人。却又特别喜欢捣鼓家里的摆设，变换家具的位置。经常因为东西太多而绞尽脑汁地整理空间里的摆设。这于我而言是一种乐趣，在不断的收纳、整理、添置过程中，我发现，如何最大限度地提高空间的利用率是最关键的问题。

对于做手账的人来说，有一个属于自己，能做手账的写字台和能放下书籍与手账文具的柜子，是一件特别幸福的事。

– 我卧室中茶几的一角，我经常趴在这里做手账、看书、化妆、发呆。

1 桌面收纳——善于利用桌上的空间

我的书桌，2017 年和 2018 年的对比

-2017 年我桌面的样子，那时桌子上的收纳很简单：一束花、一幅画、一盏台灯和一些画画的笔和颜料。

-2018 年关于手账的物品越来越多，我开始对桌面空间进行再设计和再利用。我在桌上增加了 10 个文件盒、一个杂物架、一个储物支架，支架上放了几个手账本，两个多层化妆品收纳盒和一个仓敷意匠的木质收纳盒，盒子后面还有几本植物图鉴的书。

收纳物品丰富，但依然有空间写字画画的桌面收纳法

- 利用桌面上方空间
- 展开想象，巧用各类收纳装置
- 有角度地摆放物品，选择自己喜欢的收纳工具

- 我把桌面中的文件盒向上叠放，再在盒子上放物品。同时，在桌子右侧放入一个储物支架，利用支架上下的空间收纳本子和印章，下方收纳胶带盒子与其他小物。

- 这个仓敷意匠的盒子，是我很喜欢的一件装饰性收纳盒。我把它斜放在桌角旁边，后面放上台灯，看起来清爽不拥挤。

- 图中的这个三层可旋转圆形置物架，原本是放护肤品的。我发现这个架子用来放笔筒、墨水与一些零碎小物也很适合，所以搬到书桌上使用。
- 置物架有三层，最下一层放较高的笔筒、墨水等，中间一层放常用的印泥、夹子等，最上一层放更加零碎的小东西。单单一个装置，就收纳了很多物品，非常实用。
- 旁边的白色支架原本是用于厨房微波炉上的置物架，我将它摆在书桌上，用来隔出上下空间。

2 适合移动和收纳的手推车

- 在我的桌边有一个手推车，里面收纳着我较常用，但在桌上放不下的手账用品。我在做手账时，会把它推到手边，拿取物品特别方便。在使用频率上，越下层，使用的机会越少。

- 在最上层，我收纳了几个笔筒，里面是各种各样的彩色笔、记号笔、软毛笔，等等。旁边放了塑料带格子的盒子，盒子里面放着胶带、打孔器等杂物。

- 在中层，我放着一盒本子、一盒便利贴、一盒便签本和几盒数字印章。

- 在最下层，我收纳了几大盒 Cavallini 的印章，在一个透明收纳盒里，放了一些手工制作的物品：印泥、凸粉、浆糊、细绳，等等。

❸ 放在桌子下的杂物收纳箱

- 桌子下方的空间也不要忽视。我在这里放了一个 6 层的透明塑料收纳柜。这个柜子的作用是收纳一切平时不常使用的杂物。
- 一些不知道怎么归类的物品也可以放入柜中，一些杂七杂八的文具用品：订书针、垫板、压花器、火漆封蜡，等等。

- 这一层抽屉中我收纳了一堆拼贴要用的点点胶。

- 在这层抽屉中，我收纳了各种墨水。

4 各种被塞满的书架

我的房间里有很多的书，这几年在买书的同时，也在不断地买书架。

- 图中的三个书架是我三年中陆续购买的。中间的牛皮色书架是我最喜欢的，它是无印良品一款用再生纸板材料制作的书架，共五层，没放书时特别轻巧，放满书后却显得很结实，性价比也很高，能放很多书。

- 图中这个白色柜子，是我在宜家买的，最下层放着的四个盒子中，是各种各样的打印纸和水彩纸。

- 这是在我卧室的置物架，租房时自带的小家具，现在被我塞满了各种书籍。

巧用经济又环保的收纳工具

在平日的生活里，我经常会留意身边各种盒子、罐子、盘子，我的很多收纳盒其实都是“废物利用”，直接从生活中得来的。

我一直觉得，收纳工具买得越多，越是负担，自认为花了钱买了一件收纳物品，但实际上，它也是一个需要收纳的东西。我喜欢在生活中找寻适合手账物品收纳的东西，将它们变废为宝。其实，这样的“跨界合作”也会充满惊喜。

- 图中是一款挂耳咖啡的盒子。用完后，我将这个盒子装我剪好的素材，盒子中的分割板，正好可以区分不同种类的素材，非常实用。

❶ 我生活中的“废物”利用

生活中那些易被忽视的盒子

其实，生活中有很多适合收纳手账物品的“现成”的盒子，等待你的发现。

❶ 快递盒子　❷ 奶糖盒子
❸ hobochini 一日一页的盒子　❹ 普通的小白盒

- 我用奶糖的盒子装胶带，盒子原本自带的隔层，刚好可以用来固定胶带，胶带也正好可以塞满盒子，特别合适。图右上的白色小盒子，我用来装小的素材帖纸，也很适合。

- 我现在手边常用的笔筒原来是蜡烛杯和水杯。

别扔这些“笔筒”

香薰蜡烛杯子用完后，我会洗干净，用来作为笔筒，我也会把装水很少的杯子当作笔筒。这些原本不是笔筒的小物放在桌子上也很好看。

- 我习惯在贴手账时，先选择一些胶带素材，然后再从中筛选进行拼贴。所以，这两只盘子，是我在做手账时，放胶带与素材的收纳工具。与一般的盒子比，盘子面积更大，能放更多的胶带和素材。

只要是盘子就可以

无论是作为装饰品的铁盘，还是装水果的盘子，都会被我拿来作为手账盘。

- 活页夹中，我装素材“边角料”的小袋子。

物美价廉的办公用品

我在活页夹中收纳素材的小型文件袋曾经是用来装增值税发票的。这种袋子不但非常便宜，而且大小合适，很适合收纳“边角料”。

2 自己做个有隔层的桌面收纳盒

◎ 具体步骤——分两格

准备工具　❶ 带盖盒子　❷ 直尺
　　　　　❸ 铅笔　　　❹ 剪刀

- 先用铅笔和尺子在盒子底部画出中轴线，然后剪开。

- 然后把两个半盒翻过来，嵌入原本的盒盖中。这样盒子就被分为两块区域。

- 如图，这两块竖条形状的区域可以收纳胶带。

◎ 具体步骤——分四格

- 如果想分格更多可以再沿着中轴线横向剪开，这样盒子就被分为四块。

- 把四块的盒子角对在一起，如图所示。

- 将它们嵌入盒盖里，就完成了四个区域的划分。

- 这种四格盒子很适合放墨水之类的瓶瓶罐罐。

Section 02
生活中的“手账态度”

手账的本质是记录生活，所以在生活中，我的“手账态度”无处不在。记手账这件小事，在日子里潜移默化地影响着我，也监督着我。

在家里宅着时，与好友外出聚会时，遇上各种节日、生日、季节交替时，阅读时，运动时，旅行时，我的“手账态度”与我形影不离。

房间中的“手账态度”

做手账其实代表着积极向上的生活态度，在我的房间里，干净整齐的收纳，温馨的布置是我认为该有的“手账态度”。

在我平时记手账时，特别享受此时整个房间营造出的轻松氛围：我坐在文具与素材中，摊开本子，写着有趣的事情，点上香薰，偶尔放空，翻几页新到的图鉴……这样的情景，想想都会笑。所以我很认真地打造着我的房间，除了有条理的收纳与整理，我会常常添置装饰品，养上植物，不定期地改变房间的格局，随着季节和心情的变化而变化。

1 我不同时期的书桌与墙面装饰

书桌区是我做手账时待得最久的地方。书桌前的墙我会每隔一段时间就重新布置。

我这几年时常变化我书桌的风格，墙上的装饰也随着自己的喜好重置，不断地调整，兼顾了美观和实用性。有时候我喜欢简洁的风格，有时候喜欢贴满墙壁的充盈感，当需要收纳的东西变多的时候，我也会把收纳盒叠高摆放。

- 我不同时期的书桌

铁质网格照片墙

在墙上装一个网格的照片墙是非常实用且很有装饰感的事情。我喜欢随性地在格子上挂东西，所以整面墙看起来轻松、自然。在墙面的网格上我会挂自己画的小幅水彩画，朋友送的明信片，收到的生日贺卡，有时候还会将一两串挂饰放在上面。

白色木质收纳盒

这是 2016 年我买的白色的木质收纳盒。我把一些零碎的印章、小夹子放在盒子里。

在盒子上，我放了平时用的香薰蜡烛和几个小装饰物。木质收纳盒是桌面收纳中既好看又实用的物品。

台历、挂历

2018 年我在墙上挂了一幅植物类的周历，每页是一周。我会把重要的日期标记出来，作为提醒。在台子上放日历是不错的选择。可以顺手把当天的待办事项记在台历上，作为提醒。台历和挂历是很有仪式感的物品，每一次的翻页，都会让我觉得要好好珍惜当下的日子。

香薰烛台

我有很多的香薰杯，平时在桌前画画写字时，喜欢点上它们。在桌子上放几个常用的香薰烛台，既方便使用，又能作为装饰品。但在使用时，纸制品要尽量远离明火，为此，我会把它们放在收纳盒的上面。这样比较安全。

3 让房间变温馨的装饰物

有生命力的植物

在房间里放上一两盆绿植或是插一瓶鲜花，会让房间变得生机勃勃。回家时，看到房间新鲜绽放的花朵，我的心情会大好。植物会告诉我季节的转变，在不同的季节换上当季的鲜花。若是觉得鲜花的生命太过短暂，那养一两盆小巧的绿植在家中也是不错的选择。

自己画的装饰画

自从学习水彩后，我会把自己满意的作品裱起来，放在房间里。对于小幅作品，我会直接买画框装起来。放置在桌上或是挂起来。大一点的作品，我会去找专业的裱画师傅帮我裱好，然后挂在墙上。有时，我也会用胶带把水彩画粘在墙上，我的墙上慢慢地贴满了各种各样的画作。闲暇时看看，很有成就感。

4 充满节日气氛的装饰品和布置

在节日里，摆上几样应景的小物，会让房间瞬间变得充满节日气氛。

圣诞节时能放的装饰品有很多，被蜡封了的浆果烛台、圣诞玩偶、花环、麋鹿挂饰……这些小物点缀在房间里，会让我感觉到节日的临近。

社交生活中的“手账态度”

“手账态度”在我平日的社交中，也能充分地体现，在我的影响下周围许多朋友都入了手账坑，送这些朋友礼物时的选择几乎全是文具，我喜欢自己包装礼物送人，旅行时收集与邮寄当地的明信片，友人生日时自己做祝福卡，在这个过程中认识了很多圈内小伙伴，参加了各种手账活动和分享会……我想，这些都是手账给我带来的意外惊喜。

1 自己给朋友绘制的生日卡片

如果能用自己的技能为家人或朋友做张贺卡，是件让人成就感满满的事情，这样的礼物代表着心意，也特别珍贵。

- 图中是我为闺蜜生日，亲手绘制的生日贺卡，上面是我画的水彩画和写的英文书法。

- 在封面上系了粉色丝带的蝴蝶结，封上了金色的火漆印章，闺蜜超级喜欢，现在还立在书架上。

②旅行时收集的明信片

在旅行途中，我会收集各种当地的明信片。条件允许的情况下，我会在当地把明信片寄给小伙伴，和她们分享我在旅程中的心情。更多的时候，我会收集所到之处的明信片，作为纪念。

- 图中是我在摩洛哥 YSL 花园里买到的明信片，与照片后面的景色拍摄角度相同，非常特别。

- 旅途中我收集的明信片。

3 手账小伙伴间的礼物交换

我常常和手账小伙伴之间相互邮寄手账文具，进行礼物交换。我收到的每一份礼物，都被包装得特别精致。

- 图中是我的朋友 MOMO 秦送我的贴纸和便签小物，她把每一个素材都做了特别的包装。

- 这是 MOMO 秦 DIY 的拼贴明信片，也带着浓浓的复古风，特别精致。

MOMO 秦：手账达人

微博名：MOMO 秦 in 手帐手作中毒症

4 自己精心包装的礼物

喜欢把礼物包装得漂漂亮亮后送给家人和朋友。让他们在收到礼物时，感受到我特别的心意。

包装礼物的材料有很多种，可以按不同的主题，赠送对象的年纪、性格，还有自己的爱好来选择。送给同辈朋友礼物时，我喜欢用牛皮纸来包装，用麻绳、树叶、卡片来装饰，有时候会拿火漆封缄。送给长辈礼物时，我会选择精致一点的包装纸，然后用丝带类的小物做装饰。

- 图中都是我精心包装后的礼物。

简单的礼物包装步骤

扫码，观看礼物
包装过程视频

准备工具　❶ 大张包装纸　❷ 礼物盒子
❸ 剪刀　❹ 双面胶　❺ 丝带

- 先在盒子的边缘贴上双面胶。

- 用包装纸先把盒子卷起，压出盒子边角的印迹。然后撕开双面胶，按着印迹把盒子的最大面包起来。

- 如果左右两边留出多余的纸，先选一边，将多余的纸往盒子内部方向压折。

- 在盒子的侧面上，粘上双面胶，然后对折粘贴，如图所示。（这是一种粘法，在另一半粘贴时，我会示范第二种粘法）

- 另一半边先用同样的方式。把多余的纸，往盒子方向压折。形成两个三角形的角。先把上面的三角形，折进盒内。

- 在另一个三角形上，把多余的角，折进去，使得这个折线的边缘与盒子竖着的这条线对齐重合。

- 然后在两边分别贴上双面胶，如图所示。

- 这样，一个长方形的盒子就包好了。

- 把丝带用十字交叉的方式，绑在盒子上，注意保持丝带的平整。图中是盒子的底部，所以交叉的地方不要打死结，保证丝带是交叉状态即可。

- 然后将盒子翻过来，在正面再次交叉丝带。这次在中间可以打一个结，固定。

- 之后在中间区域打个蝴蝶结，把丝带的带子整理蓬松。

- 剪掉多余的丝带即可。这样，简单的礼物包装就完成了。

- 用压花的暗红色花纹包装纸，搭配银色带金线的丝带。整个礼物既精致又复古，操作步骤十分简单。